园林工程从新手到高手系列

园路、园桥、广场工程

孙 超 主编

机械工业出版社

本书将内容分为新手必懂知识和高手必懂知识，以帮助读者掌握专业内容关键点，快速提高从业技能。

全书共分为六章，包括：园路、园桥、广场工程施工基础知识，园路工程，铺装工程，园桥工程，广场工程，综合实例。

本书内容简明扼要，通俗易懂，可作为园林工程现场施工人员的技术指导用书，也可作为园林工程相关专业的培训用书。

图书在版编目（CIP）数据

园路、园桥、广场工程/孙超主编. —北京：机械工业出版社，2015.7 (2021.1重印)
（园林工程从新手到高手系列）
ISBN 978-7-111-50622-5

Ⅰ. ①园…　Ⅱ. ①孙…　Ⅲ. ①园林—路面铺装②风景桥—工程施工③广场—工程施工　Ⅳ. ①TU986.4

中国版本图书馆CIP数据核字（2015）第136917号

机械工业出版社（北京市百万庄大街22号　邮政编码100037）
策划编辑：张　晶　责任编辑：张　晶　吴苏琴
版式设计：霍永明　责任校对：张　征
封面设计：马精明　责任印制：李　洋
三河市国英印务有限公司印刷
2021年1月第1版第7次印刷
169mm×239mm · 12.75印张 · 239千字
标准书号：ISBN　978-7-111-50622-5
定价：35.00元

随着我国经济的快速发展，城市建设规模不断扩大，作为城市建设重要组成部分的园林工程也随之快速发展。随着人们的生活水平提高，生态环境越来越受到重视，园林工程对改善生态环境方面有重大影响。

园林工程主要是研究园林建设的工程技术，包括地形改造的土方工程，掇山、置石工程，园林理水工程和园林驳岸工程，喷泉工程，园林的给水排水工程，园路工程，种植工程等。园林工程的特点是以工程技术为手段，塑造园林艺术的形象。在园林工程中运用新材料、新设备、新技术是当前的重大课题。园林工程的中心内容是如何在综合发挥园林的生态效益、社会效益和经济效益功能的前提下，处理园林中的工程设施与风景园林景观之间的矛盾。

园林工程施工人员是完成园林施工任务的最基层的技术和组织管理人员，是施工现场生产一线的组织者和管理者。随着人们对园林工程越来越重视，园林施工工艺越来越复杂，导致对施工人员的要求不断提高。因此需要大量园林施工技术的人才，来满足日益扩大的园林工程建设需要。

编写组针对读者需要编写了"园林工程从新手到高手系列"丛书。丛书共6个分册，包括：《园林基础工程》《园路、园桥、广场工程》《假山、水景、景观小品工程》《园林种植设计与施工》《园林植物养护》《常用园林植物宝典》。

本丛书不仅涵盖了先进、成熟、实用的园林施工技术，还包括了现代新材料、新技术、新工艺等方面的知识，力求做到技术先进、实用，文字通俗易懂，能满足技术人员快速提高专业水平的需求。

由于编者水平有限，书中难免有错误和不妥之处，希望广大读者批评指正。

编 者

contents目录

前言

第五章 广场工程

第六章 综合实例

第一章

园路、园桥、广场工程施工
基础知识

第一节　　　　　　　　　**园　路　概　述**

【新手必懂知识】园路的作用

园林道路，简称园路，是组织和引导游人观赏景物的驻足空间，与建筑、水体、山石、植物等造园要素一起组成丰富多彩的园林景观。其作用包括以下五个方面。

1. 划分空间

园林功能分区的划分多是利用地形、建筑、植物、水体和道路。对于地形起伏不大、建筑比重小的现代园林绿地，用道路围合、分隔不同景区则是主要方式。同时，借助道路面貌（线形、轮廓、图案等）的变化可以暗示空间性质、景观特点的转换以及活动形式的改变，从而起到组织空间的作用。尤其在专类园中，划分空间的作用十分明显。

2. 组织交通

（1）经过铺装的园路能耐践踏、碾压和磨损，可满足各种园务运输的要求，并为游人提供舒适、安全、方便的交通条件。

（2）园林景点间的联系是依托园路进行的，为动态序列的展开指明了前进的方向，引导游人从一个景区进入另一个景区。

（3）园路为欣赏园景提供了连续不同的视点，可以取得步移景换的景观效果。

3. 构成园林景观

作为园林景观界面之一，园路自始至终伴随着游览者，影响着风景的效果，它与山、水、植物、建筑等，共同构成优美丰富的园林景观，主要表现在以下方面。

（1）创造意境。中国古典园林中园路的花纹、材料与意境相结合，有其独特的风格与完善的构图，很值得学习。

（2）构成园景。通过园路的引导，将不同角度、不同方向的地形地貌、植物群落等园林景观一一展现在眼前，形成一系列动态画面，此时园路也参与了风景的构图，即因景得路。再者，园路本身的曲线、质感、色彩、纹样以及尺度等与周围环境的协调统一，也是园林中不可多得的风景。

（3）统一空间环境。通过与园路相关要素的协调，在总体布局中，使尺度和特性上有差异的要素处于共同的铺装地面，相互间连接成一体，在视觉上统一起来。

（4）构成个性空间。园路的铺装材料、图案和边缘轮廓，具有构成和增强空间个性的作用，不同的铺装材料和图案造型，能形成和增强不同的空间感，如细腻感、粗犷感、亲切感、安静感等。而且丰富而独特的园路可以创造视觉趣味，增强空间的独特性和可识性。

4. 提供休息和活动场所

在建筑小品周围、花间、水旁、树下等处，园路可扩展为广场，为游人提供活动和休息的场所。

5. 组织排水

园路可以借助其路缘或边沟组织排水。一般园林绿地都高于路面，方能实现以地形排水为主的原则。园路汇集两侧绿地径流之后，利用其纵向坡度即可按照预定方向将雨水排除。

【新手必懂知识】园路的造景意义

在园林平面规划中，园路是划分地形的一种要素。由于园路在地形构成上具有先决作用，因而园路的平面线形、路网的组合形状和园路竖向上的起伏变化等都会对园林景观的全貌产生决定性影响。园路在园林造景中具有十分重要意义的。

1. 园路本身所占有的空间是一种线性的狭长空间

园路的穿插划分把园林其他空间划成了大小、形状不一的系列空间，使得园林中既有狭长空间，又有闭合空间，还有一些开敞空间；既有规则型的矩形、圆形空间，又有自然型的异形变化空间。这极大地丰富了园林空间的形象，增强了空间的艺术性表现。

2. 园路是所有景区景点相互联系的主要纽带

园路是所有景区景点相互联系的必不可少的纽带，园林中每一个景区和每一个景点都要由园路加以联系。正是由于园路对风景景点的联系作用，才使所有风景地点和地带被组织成为园林景观整体，才使园林中能够形成一条条风景序列。

3. 组织游人在园林中的游览活动

园路中的主路和一部分次路被赋予明显的导游性，能够自然而然地引导游人按照预定路线有顺序地进行游览，这部分园路就成了导游线。当然，其他园路也都或多或少地具有导游性，没有导游性的园路是很少的。

4. 园路可以成为重要装饰景观

不同色彩、不同纹理图样和不同材质的路面处理能够把路面本身装饰得十分美观。在园路、广场的侧旁或中轴线上可以布置一些花境、花坛、水池、喷泉、雕塑甚至园亭等景物，使道路广场景观更加美丽动人。

【新手必懂知识】园路的分类

从不同的方面考虑，园路有不同的分类方法，园路的分类见表1-1。

表1-1 园路的分类

分类方法	类型及特点
根据用途分类	园景路：依山傍水或有着优美植物景观的游览性园林道路，其交通性不突出，但是却十分适宜游人漫步游览和赏景。如风景林的林道、滨水的林荫道、山石磴道、花径、竹径、草坪路、汀步路等，都属于园景路
	园林公路：以交通功能为主的通车园路，可以采用公路形式，如大型公园中的环湖公路、山地公园中的盘山公路和风景名胜区中的主干道等。园林公路的景观组成比较简单，其设计要求和工程造价都比较低一些
	绿化街道：主要分布在城市街区的绿化道路。在某些公园规则地形局部，如在公园主要出入口的内外等，也偶尔采用这种园路形式。采用绿化街道形式既能突出园路的交通性，又能够满足游人散步游览和观赏园景的需要。绿化街道主要是由车行道、分车绿带和人行道绿带构成。根据车行道路面的条数和道旁绿带的条数，可以把绿化街道的设计形式分为：一板两带式、二板三带式、三板四带式和四板五带式等
根据重要性和级别分类	主要园路：景园内的主要道路，从园林景区入口通向全园各主景区、广场、公共建筑、观景点、后勤管理区，形成全园骨架和环路，组成导游的主干路线。主要园路一般宽7~8m，并能适应园内管理车辆的通行要求，如考虑生产、救护、消防、游览车辆的通行
	次要园路：主要园路的辅助道路，呈支架状，连接各景区内的景点和景观建筑。路宽根据公园游人容量、流量、功能以及活动内容等因素而决定，一般宽3~4m，车辆可单向通过，为园内生产管理和园务运输服务。次要园路的自然曲度大于主要园路的曲度，用优美舒展、富有弹性的曲线线条构成有层次的风景画面
	游步道：园路系统的最末梢，是供游人休憩、散步和游览的通幽曲径，可通达园林绿地的各个角落，是到广场和园景的捷径。双人行走游步道宽1.2~1.5m，单人行走游步道宽0.6~1.0m，多选用简洁、粗犷、质朴的自然石材（片岩、条板石、卵石等）、条砖铺层或用水泥仿塑各类仿生预制板块（含嵌草皮的空格板块），并采用材料组合以表现其光彩与质感，精心构图，结合园林植物小品建设和起伏的地形，形成亲切自然、静谧幽深的自然游览步道

（续）

分 类 方 法	类 型 及 特 点
根据结构分类	路堑型：凡是园路的路面低于周围绿地，道牙高于路面，起到阻挡绿地水土流失作用的园路都属于路堑型园路，如图 1-1 所示
	路堤型：路面高于两侧地面，平道牙靠近边缘处，道牙外有路肩，常利用明沟排水，路肩外有明沟和绿地加以过渡，如图 1-2 所示
	特殊型：包括步石、汀步、磴道、台阶、攀梯等，如图 1-3 和图 1-4 所示
根据铺装分类	整体路面：在园林建设中应用最多的一类，是用水泥混凝土或沥青混凝土铺筑而成的路面。它具有强度高、耐压、耐磨、平整度好的特点，但不便维修，且一般观赏性较差。由于养护简单、便于清扫，因此多为大公园的主干道所采用。但它色彩多为灰色和黑色，在园林中使用不够理想，近年来已出现了彩色沥青路面和彩色水泥路面
	块料路面：用大方砖、石板等各种天然块石或各种预制板铺装而成的路面，如木纹板路面、拉条水泥板路面、假卵石路面等。这种路面简朴、大方，特别是各种拉条路面，利用条纹方向变化产生的光影效果，加强了花纹的效果，不但有很好的装饰性，而且可以防滑和减少反光强度，并能铺装成形态各异的图案花纹，美观、舒适，同时也便于进行地下施工时拆补，因此在现代绿地中被广泛应用
	碎料路面：用各种碎石、瓦片、卵石及其他碎状材料组成的路面。这类路面铺装材料廉价，能铺成各种花纹，一般多用在游步道中
	简易路面：由煤屑、三合土等构成的路面，多用于临时性或过渡性园路
根据路面的排水性能分类	透水性路面：是指下雨时，雨水能及时通过路面结构渗入地下，或者储存在路面材料的空隙中，减少地面积水的路面。其做法既有直接采用吸水性好的面层材料，也有将不透水的材料干铺在透水性基层上，包括透水混凝土、透水沥青、透水性高分子材料以及各种粉粒材料路面、透水草皮路面和人工草皮路面等。这种路面可减轻排水系统负担，保护地下水资源，有利于生态环境，但平整度、耐压性往往存在不足，养护量较大，主要用于游步道、停车场、广场等处
	非透水性路面：是指吸水率低，主要靠地表排水的路面。不透水的现浇混凝土路面、沥青路面、高分子材料路面以及各种在不透水基层上用砂浆铺贴砖、石、混凝土预制块等材料铺成的园路都属于此类。这种路面平整和耐压性较好，整体铺装的可用作机动交通、人流量大的主要园路，块材铺筑的则多用作次要园路、游步道、广场等
根据筑路形式分类	平道：平坦园地中的道路，大多数园路采用这种修筑形式
	坡道：在坡地上铺设的、纵坡度较大但不作阶梯状路面的园路
	石梯磴道：坡度较陡的山地上所设的阶梯状园路，称为磴道或梯道
	栈道、廊道：建在绝壁陡坡、宽水窄岸处的半架空道路就是栈道。由长廊、长花架覆盖路面的园路，都可称为廊道。廊道一般布置在建筑庭园中
	索道、缆车道：索道主要在山地风景区，是以凌空铁索传送游人的架空道路线。缆车道是在坡度较大坡面较长的山坡上铺设轨道，用钢缆牵引车厢运送游人

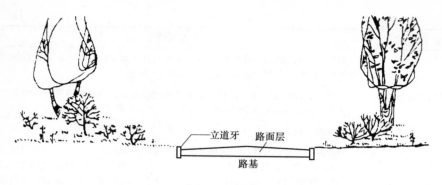

图 1-1　路堑型

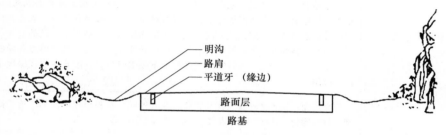

图 1-2　路堤型

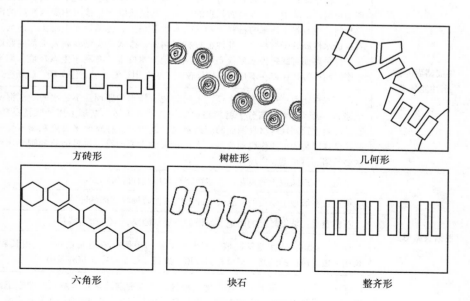

图 1-3　步石与汀步

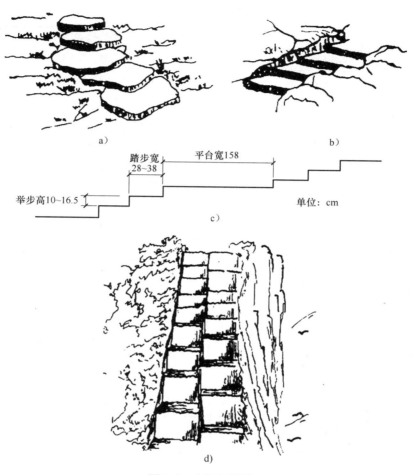

图 1-4　台阶与蹬道

a）自然石板的台阶　b）裸岩凿成的台阶　c）室外台阶及适宜尺寸　d）蹬道

【新手必懂知识】园路的材料

常见园路材料分类及应用见表 1-2。

表 1-2　常见园路材料分类及应用

材　　料	应用路面	应用场所
沥青	沥青路面	车道、人行道、停车场等
	透水性沥青路面	人行道、停车场等
	彩色沥青路面	人行道、广场等

（续）

材　料	应用路面	应用场所
混凝土	混凝土路面	车道、人行道、停车场、广场等
	小石砾路面	园路、人行道、广场等
	卵石铺砌路面	园路、人行道、广场等
	混凝土板路面	人行道等
	彩板路面	人行道、广场等
	水磨平板路面	人行道、广场等
	仿石混凝土预制路面	人行道、广场等
	混凝土平板瓷砖铺面路面	人行道、广场等
	镶嵌形砌块路面	干道、人行道、广场等
块砖	普通黏土砖块路面	人行道、广场等
	砖砌块路面	人行道、广场等
	澳大利亚砖砌块路面	人行道、广场等
花砖	釉面砖路面	人行道、广场等
	陶瓷锦砖路面	人行道、广场等
	透水性花砖路面	人行道、广场等
天然石	小料石路面（骰石路面）	人行道、广场、池畔等
	铺石路面	人行道、广场等
	天然石砌路面	人行道、广场等
砂砾	现浇环氧沥青塑料路面	人行道、广场等
	砂石路面	步行道、广场等
	碎石路面	停车场等
	石灰岩粉路面	公园广场等
砂土	砂土路面	园路等
土	黏土路面	公园广场等
	改善土路面	园路、公园广场等
木	木砖路面	园路、游乐场等
	木地板路面	园路、露台等
	木屑路面	园路等
草皮	透水性草皮路面	停车场、广场等
合成树脂	人工草皮路面	露台、屋顶广场等
	弹性橡胶路面	露台、屋顶广场、过街天桥等
	合成树脂路面	体育用

第二节　　　　园桥概述

【新手必懂知识】园桥的作用

1. 园桥联系园林水体两岸上的道路

园桥可使园路不至于被水体阻断，由于它直接伸入水面，能够集中视线而自然地成为某些局部环境的一种标识点。因此，园桥能够起到导游作用，可作为导游点进行布置。低而平的长桥、栈桥还可以作为水面的过道和水面游览线，把游人引到水上，拉近游人与水体的距离。

2. 园桥与水中堤、岛一起将水面空间进行分隔

园林规划中常采用园桥与水中堤、岛一起将水面空间进行分隔，以增加水景的层次，增强水面形状的变化和对比，从而使水景效果更加丰富多彩。园桥对水面的分隔有它自己的独特处，即：隔而不断，断中有连，又隔又连，虚实结合。这种分隔有利于使隔开的水面在空间上相互交融和渗透，增加景观的内涵深度，创造迷人的园林意境。

3. 园桥本身有很多种艺术造型，是一种重要景物

在园林水景的组成中，园桥可以作为一种重要景物，与水面、桥头植物一起构成完整的水景形象。园桥本身也有很多种艺术造型，具有很强的观赏特性，可以作为园林水体中的重要景点。

【新手必懂知识】桥体的造型

在规划设计中，可以根据具体环境的特点来灵活地选配具有各种造型的园桥。常见的园桥造型形式见表1-3。

表1-3　常见的园桥造型形式

造型形式	特　　点
平桥	桥面平整，结构简单，平面形状为一字形，有木桥、石桥、钢筋混凝土桥等。桥边常不做栏杆或只做矮护栏。桥体的主要结构部分是石梁、钢筋混凝土直梁或木梁，也常见直接用平整石板、钢筋混凝土板作桥面而不用直梁的，平桥造型如图1-5所示

（续）

造型形式	特　　　点
亭桥	在桥面较高的平桥或拱桥上，修建亭子，就称为亭桥，如图 1-6 所示。亭桥是园林水景中常用的一种景物，它既是供游人观赏的景物点，又是可停留其中向外观景的观赏点
拱桥	常见有石拱桥和砖拱桥，也有少量钢筋混凝土拱桥。拱桥是园林中造景用桥的主要形式，如图 1-7 所示。其材料易得，价格便宜，施工方便。桥体的立面形象比较突出，造型可有很大变化，并且圆形桥孔在水面的投影也十分好看。因此，拱桥在园林中应用极为广泛
栈桥和栈道	架长桥为道路，是栈桥和栈道的根本特点。严格地讲，这两种园桥并没有本质上的区别，只是栈桥更多的是独立设置在水面上或地面上，如图 1-8 所示，而栈道则更多地依傍于山壁或岸壁
平曲桥	基本情况和一般平桥相同，但桥的平面形状不为一字形，而是左右转折的折线形。根据转折数，可有三曲桥、五曲桥、七曲桥、九曲桥等，如图 1-9 所示。桥面转折多为 90° 直角，但也可采用 120° 钝角，偶尔还可用 150° 转角。平曲桥桥面设计为低而平的效果最好
廊桥	这种园桥与亭桥相似，也是在平桥或平曲桥上修建风景建筑，但其建筑是采用长廊的形式，如图 1-10 所示。廊桥的造景作用和观景作用与亭桥一样
吊桥	这是以钢索、铁链为主要结构材料（在过去有用竹索或麻绳的），将桥面悬吊在水面上的一种园桥形式。这类吊桥吊起桥面的方式又有两种。一种是全用钢索铁链吊起桥面，并作为桥边扶手，如图 1-11a 所示。另一种是在上部用大直径钢管做成拱形支架，从拱形钢管上等距地垂下钢制缆索，吊起桥面，如图 1-11b 所示。吊桥主要用在风景区的河面上或山沟上面
浮桥	将桥面架在整齐排列的浮筒（或舟船）上，可构成浮桥，如图 1-12 所示。浮桥适用于水位常有涨落而又不便人为控制的水体中
汀步	这是一种没有桥面，只有桥墩的特殊的桥，或者也可说是一种特殊的路，是采用线状排列的步石、混凝土墩、砖墩或预制的汀步构件布置在浅水区、沼泽区、沙滩上或草坪上，形成的能够行走的通道，如图 1-13 所示

图 1-5　平桥

图 1-6 亭桥

图 1-7 拱桥

图 1-8 栈桥

图 1-9　平曲桥

图 1-10　廊桥

a)

b)

图 1-11　吊桥

图 1-12　浮桥

图 1-13　汀步

【新手必懂知识】桥体结构形式

园桥的结构形式随其主要建筑材料的不同而各异。例如：钢筋混凝土园桥和木桥的结构常用板梁柱式，石桥常用拱券式或悬臂梁式，铁桥常采用桁架式，吊桥常用悬索式等。桥体的结构形式见表 1-4。

表 1-4　桥体的结构形式

形　　式	特　　　点
板梁柱式	以桥柱或桥墩支撑桥体重量，用直梁按简支梁方式两端搭在桥柱上，梁上铺设桥板作桥面，如图 1-14a 所示。在桥孔跨度不大的情况下，也可不用桥梁，直接将桥板两端搭在桥墩上，铺成桥面。桥梁、桥面板一般用钢筋混凝土预制或现浇；如果跨度较小，也可用石梁和石板
悬臂梁式	桥梁从桥孔两端向中间悬挑伸出，在悬挑的梁头再盖上短梁或桥板，连成完整的桥孔，如图 1-14b 所示。这种方式可以增大桥孔的跨度，以便于桥下行船。石桥和钢筋混凝土桥都可能采用悬臂梁式结构

（续）

形　式	特　　点
拱券式	桥孔由砖石材料拱券而成，桥体重量通过圆拱传递到桥墩，如图1-14c所示。单孔桥的桥面一般也是拱形，基本上都属于拱桥。三孔以上的拱券式桥，其桥面多数做成平整的路面形式，也常有把桥顶做成半径很大的微拱形桥面
悬索式	一般索桥的结构方式，以粗长的悬索固定在桥的两头，底面有若干根钢索排成一个平面，其上铺设桥板作为桥面；两侧各有一根至数根钢索从上到下竖向排列，并由许多下垂的钢丝绳相互串联一起，下垂钢丝绳的下端吊起桥板，如图1-14d所示
桁架式	用铁制桁架作为桥体，桥体杆件多为受拉或受压的轴力构件，这种杆件取代了弯矩产生的条件，使构件的受力特性得以充分发挥。杆件的节点多为铰接

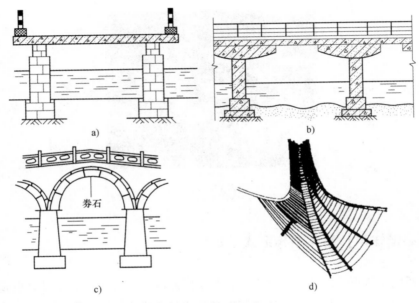

图 1-14　桥体结构形式
a) 板梁柱式　b) 悬臂梁式　c) 拱券式　d) 悬索式

【新手必懂知识】栈道的类别和结构

1. 栈道的类别

根据栈道路面的支撑方式和栈道的基本结构方式，栈道一般可分为立柱式、斜撑式和插梁式三种。

（1）立柱式。立柱式栈道适宜建在坡度较大的斜坡地带，如图1-15a所示。其基本承重构件是立柱和横梁，架设方式基本与板梁柱式园桥相同，不同处只是栈道的桥面更长。

（2）斜撑式。在坡度更大的陡坡地带，采用斜撑式修建栈道比较合适，如图 1-15b 所示。这种栈道的横梁一端固定在陡坡坡面上或山壁的壁面上，另一端悬挑在外，梁头下面用一斜柱支撑，斜柱的柱脚也固定在坡面或壁面上，横梁之间铺设桥板作为栈道的路面。

（3）插梁式。在绝壁地带常采用这种栈道形式，如图 1-15c 所示。其横梁的一端插入山壁上凿出的方形孔中并固定下来，另一端悬空，桥面板铺设在横梁上。

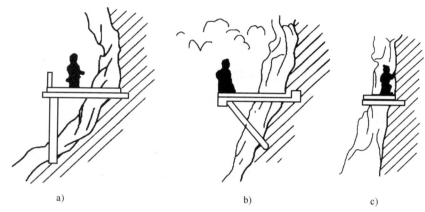

图 1-15　栈道的类别
a）立柱式　b）斜撑式　c）插梁式

2. 栈道的结构

栈道路面宽度的确定与栈道的类型有关。立柱式栈道路面设计宽度可为 1.5 ~ 2.5m；斜撑式栈道路面宽度可为 1.2 ~ 2.0m；插梁式栈道路面不宜太宽，0.9 ~ 1.8m 比较合适。

（1）立柱与斜撑柱。立柱用石柱或钢筋混凝土柱，截面尺寸可取（180mm × 180mm）~（250mm × 250mm），柱高一般不超过柱径的 15 倍。斜撑柱的截面尺寸比立柱稍小，可取（150mm × 150mm）~（200mm × 200mm）。斜撑柱上端应预留筋头与横梁梁头相焊接，下端应插入陡坡坡面或山壁壁面。立柱和斜撑柱都用 C20 混凝土浇制。

（2）横梁。横梁的长度应是栈道路面宽度的 1.2 ~ 1.3 倍，梁的一端应插入山壁或坡面的石孔并稳实地固定下来。插梁式栈道的横梁插入山壁部分的长度，应为梁长的 1/4 左右。横梁的截面为矩形，宽高的尺寸可为（120mm × 180mm）~（180mm × 250mm）。横梁也用 C20 混凝土浇制，梁一端的下面应有预埋铁件与立柱或斜撑柱焊接。

（3）桥面板。桥面板可用石板或钢筋混凝土板铺设。铺石板时，要求横梁间距比较小，一般不大于1.8m。石板厚度应在80mm以上。钢筋混凝土板可用预制空心板或实心板。空心板可按产品规格直接选用。实心钢筋混凝土板厚度常设计为6cm、8cm、10cm，混凝土强度等级可用C15～C20。栈道路面可以用1:2.5水泥砂浆抹面处理。

（4）护栏。立柱式栈道和部分斜撑式栈道可以在路面外缘设立护栏。护栏最好用直径254mm以上的镀锌钢管焊接制成，还可做成石护栏或钢筋混凝土护栏。做石护栏或钢筋混凝土护栏时，望柱、栏板的高度可分别为900mm和700mm，望柱截面尺寸可为120mm×120mm或150mm×150mm，栏板厚度可为50mm。

【新手必懂知识】 汀步的类别和结构

1. 汀步的类别

汀步是用一些板块状材料按一定的间距铺装成的连续路面，板块材料可称为步石。这种路面简易、铺装灵活、造价低、适应性强，且富有情趣，既可作永久性园路，也可作临时性便道。按照步石平面形状特点和步石排列布置方式，可把汀步分为规则式和自然式两类，见表1-5。

表1-5　汀步分类

类　　型	特　　点
规则式汀步	步石形状规则整齐，并常常按规则整齐的形式铺装成园路。步石的宽度一般为400～500mm，步石与步石之间的净距宜为50～150mm。在同一条汀步路上，步石的宽度规格及排列间距都应当统一。常见的规则式汀步有以下三种 墩式汀步：步石成正方形或长方形的矮柱状，排列成直线形或按一定半径排列成规则的弧线形。这种汀步显得稳实，宜布置在浅水中作为过道 板式汀步：以预制的铺砌板规则整齐地铺设成间断连续式园路，主要用于旱地，如布置在草坪上、泥地上、砂地上等 荷叶汀步：一般用在庭园水池中，步石面板形状为规则的圆形，属规则式汀步，但步石的排列要排列为自然式
自然式汀步	步石形状不规则，常为某种自然物的形状。步石的形状、大小可以不一致，布置与排列方式不能规则整齐，要自然错落地布置。步石之间的净距也可以不统一，可在50～200mm范围内变动。常见的自然式汀步主要有以下两种 自然山石汀步：选顶面较平整的片状自然山石，宽度为300～600mm，按照左右错落、自然曲折的方式布置成汀步园路。在草坪上，步石的下部1/3～1/2应埋入土中。在浅水区中，步石下部稍浸入水中，底部一定要用石片刹垫稳实，并用水泥砂浆与基座山石结合牢固 仿自然树桩汀步：步石被塑造成顶面平整的树桩形状，树桩按自然式排列，有大有小，有宽有窄，有聚有散，错落有致。一般布置在草坡上能与环境协调，也可以布置在水池中，但与环境的协调性不及在草坡和草坪上

2. 汀步的结构

（1）板式汀步。板式汀步的铺砌板平面形状可以是正方形、长方形、圆形、梯形、三角形等。梯形和三角形铺砌板主要用来相互组合，组成板面形状有变化的规则式汀步路面。铺砌板宽度和长度可根据设计确定，其厚度常设计为80～120mm。板面可以用彩色水磨石来装饰，不同颜色的彩色水磨石铺路板能够铺装成美观的彩色路面。

（2）荷叶汀步。步石由圆形面板、支撑墩（柱）和基础三部分组成。圆形面板应设计2～4种尺寸规格，如直径为450mm、600mm、750mm、900mm等。采用C20细石混凝土预制面板，面板顶面可仿荷叶进行抹面装饰。抹面材料用白色水泥加绿色颜料调成浅果绿色，再加绿色细石子，按水磨石工艺抹面。抹面前要先用铜条嵌成荷叶叶脉状，抹面完成后一并磨平。为了防滑，顶面一定不能磨得太光。荷叶汀步的支柱可用混凝土柱，也可用石柱，其设计按一般矮柱处理。基础要牢固，至少应埋深300mm，其底面直径不得小于汀步面板直径的2/3。

（3）仿树桩汀步。用水泥砂浆砌砖石做成树桩的基本形状，表面再用1:2.5或1:3有色水泥砂浆抹面并塑造树根与树皮形象。树桩顶面仿锯截状做成平整面，用仿本色的水泥砂浆抹面。待抹面层稍硬时，用刻刀刻划出一圈圈年轮环纹，清扫干净后，再调制深褐色水泥浆抹进刻纹中。待抹面层完全硬化之后，打磨平整，使年轮纹显现出来。

第三节	广 场 概 述

【新手必懂知识】园林广场的分类

从某种意义上讲，园林广场就是园路的放大部分。园林广场的实用功能不同，其形式也相应不同，根据不同的分类方法可将园林广场分为不同的类型，见表1-6。

表1-6 园林广场的分类

分 类 方 法	类 型	特 点
依园林广场的性质和使用功能分	交通集散广场	人流量较大，主要功能是组织和分散人流，如公园的入口广场布置，如图1-16所示。首先在功能方面应处理好停车、售票、值班、入园、出园、候车等的相互关系，以便集散安全、迅速；其次，在园林景观构图上，应使其造型具有园林风貌，富有艺术感染力，以吸引游人

（续）

分类方法	类　型	特　　点
依园林广场的性质和使用功能分	游憩活动广场	这类广场在园林中经常运用。它可以是草坪、疏林及各式铺装地，外形轮廓为几何形或自然曲线，也可以与花坛、水池、喷泉、雕塑、亭廊等园林小品组合而成，如图1-17所示，主要供游人游览、休息、儿童游戏、集体活动等使用。国外一些园林中的儿童游戏场地也有用塑胶铺装材料的。因此，根据不同的活动内容和要求，使游憩活动广场做到美观、适用、各具特色。若供集体活动，其广场宜布置在开阔、阳光充足、风景优美的草坪上；若供游人游憩之用，则宜布置在有景观可借的地方，并可结合一些园林小品供游人休息、观赏
	生产管理广场	主要供园务管理、生产的需要之用，如晒场、堆场、停车场等。它的布局应与园务管理专用出入口、苗圃等有较方便的联系
按园林广场的主要功能分	园景广场	这是将园林立面景观集中汇聚、展示在一处，并突出表现宽广的园林地面景观（如装饰地面、花坛群、水景池等）的一类园林广场。园林中常见的门景广场、纪念广场、中心花园广场、音乐广场等都属于这类广场。一方面，园景广场在园林内部留出一片开敞空间，增强了空间的艺术表现力；另一方面，它可以作为季节性的大型花卉园艺展览或盆景艺术展览等的展出场地；此外，它还可以作为节假日大规模人群集会活动的场所，而发挥更大的社会效益和环境效益
	休闲娱乐场地	这类场地具有明确的休闲娱乐性质，在现代公共园林中是很常见的一类场地。如设在园林中的旱冰场、射击场、滑雪场、跑马场、高尔夫球场、赛车场、游憩草坪、露天茶园、露天舞场、垂钓区以及附属于游泳池边的休闲铺装场地等都是休闲场地
	集散场地	设在主体性建筑前后、主路路口、园林出入口等人流频繁的重要地点，以人流集散为主要功能。这类场地一般面积都不很大，除园林主要出入口的场地以外，在设计中附属性地设置即可

（续）

分类方法	类　型	特　　点
按园林广场的主要功能分	停车场和回车场	主要是指设在公共园林内外的汽车停放场、自行车停放场和扩宽一些路口形成的回车场地。停车场多布置在园林出入口内外，回车场则一般在园林内部适当地点灵活设置
	其他场地	附属于公共园林内外的场地，还有如旅游小商品市场、花木盆栽场、餐厅杂物院、园林机具停放场等，其功能不一，形式各异，在规划设计中应分别对待

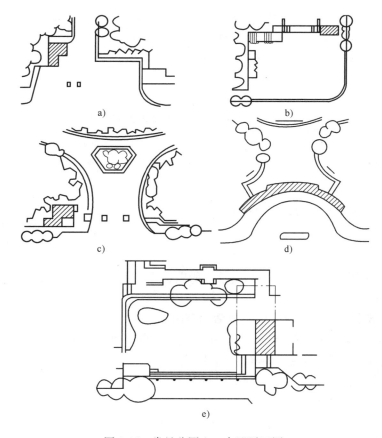

图 1-16　常见公园入口布置平面图
a）入口场地在门外　b）入口场地在道路转弯处　c）场地在大门内
d）大门内外都在场地　e）庭院式入口场地

图 1-17　常见游憩活动广场平面图
a）由亭廊、花架、水池等组织成休息活动场地
b）在疏林里铺装平整的地面，布置一些休闲椅，作为休息活动场地
c）利用地面高差组织成几个大小不同、各有特色又互不干扰的休息活动场地
d）利用树丛、山石、园墙等分隔成若干较小的空间，供人们休息、看书、谈心

【新手必懂知识】园林广场的作用

广场主要是一种人工建造的空间环境，这种空间环境必然要具备满足人们一定的使用功能需求和精神方面的需求。所以，广场就自然地具有了实用的属性和艺术美的属性。

1. 广场是游人在园林中的主要活动空间

园路广场作为游人的活动空间，是不能缺少的。如果片面强调要保证最大面积的绿化用地，而使园路广场面积不足的话，园林的综合功能就会失去平衡。这就需要重视足够的游人活动空间。广场是提供人们集会、交通集散、游览休憩、商业服务及文化宣传等活动的空间；它是城市居民社会生活的中心；广场的设施和绿化集中地表现了城市空间环境面貌，如图 1-18 和图 1-19 所示。

2. 广场的地面可以成为重要装饰景观

不同色彩、不同纹理图样和不同材质的广场铺装本身十分美观。在广场的侧旁或中轴线上可以布置一些花境、花坛、水池、喷泉、雕塑甚至园亭等景物，可使广场景观更加美丽动人，如图1-20和图1-21所示。可见，广场本身在造景上也有重大的意义。

图1-18　天安门广场

图1-19　巴黎卢浮宫广场

图 1-20　大连星海广场

图 1-21　巴黎协和广场

第二章

园路工程

| 第一节 | 园 路 设 计 |

【新手必懂知识】园路的布局形式

1. 套环式园路系统

套环式园路系统是由主园路构成一个闭合的大型环路或一个"8"字形的双环路，再从主园路上分出很多的次园路和游览小道，并且相互穿插连接与闭合，构成另一些较小的环路。主园路、次园路和小路构成的环路之间的关系，是环环相套、互通互连的关系，其中少有尽端式道路，如图 2-1a 所示。因此，这样的道路系统可以满足游人在游览中不走回头路的愿望。

套环式园路最能适应公共园林环境，也是应用最为广泛的一种园路系统。但是，在地形狭长的园林绿地中，由于地形的限制，一般不宜采用这种园路布局

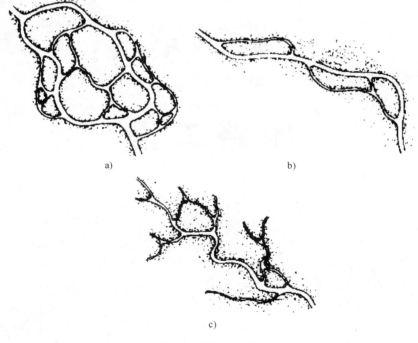

a)   b)

c)

图 2-1　园路布局形式

a）套环式　b）条带式　c）树枝式

形式。

2. 条带式园路系统

这种园路布局形式的特点是主园路呈条带状，始端和尽端各在一方，并不闭合成环。在主路的一侧或两侧，可以穿插一些次园路和游览小道。次路和小路相互之间可以局部闭合成环路，但主路不会闭合成环，如图 2-1b 所示。条带式园路布局不能保证游人在游园中不走回头路。

条带式园路系统适用于林阴道、河滨公园等地形狭长的带状公共绿地中。

3. 树枝式园路系统

以山谷、河谷地形为主的风景区或市郊公园，主园路一般只能布置在谷底，沿着河沟从下往上延伸。两侧山坡上的多处景点都是从主路上分出一些支路，甚至再分出一些小路加以连接。支路和小路多数只能是尽端式道路，游人到了景点游览后，从原路返回到主路再向上行，如图 2-1c 所示。这种道路系统的平面形状，就像是有许多分支的树枝，游人走回头路的时候很多。

树枝式园路系统是游览性最差的一种园路布局形式，只适用于在受到地形限制时采用。

【新手必懂知识】园路的布局设计

1. 设计依据

园路的布局设计，要以园林本身的性质、特征以及实用功能为依据，主要有以下两个方面。

（1）园林工程的建设规模决定了园路布局设计的道路类型和布局特点。

一般较大的公园，要求园路主道、次道和游步道三者齐备，并使其铺装式样多样化，从而使园路成为园林造景的重要组成部分。而较小的园林绿地或单位小块绿地的设计，往往只有次道和游步道的布局设计。

（2）园林绿地的规划形式决定了园路布局设计的风格。

规则式园林园路应布局成直线和有规可循的曲线式，在园路的铺装上也应和园林风格相适应，充分体现规则式园林的特征。而自然式园林园路应布局成无规可循的自由曲线和宽窄不等的变形路。

2. 设计原则

（1）因地制宜。依据园林工程建设的规划形式，并结合地形地貌设计。一般园路宜曲不宜直，贵在合乎自然，追求自然野趣，依山随势，回环曲折；曲线要自然流畅，犹如流水，随地势就形。

（2）结合园林造景进行布局设计。园路的组织交通功能应服从于游览要求，不以便捷为准则，而是根据地形的要求、景点的分布等因素来进行设置。要做到因路通景，同时要使路和其他造景要素很好地结合，使整个园林更加和谐，并创造出一定的意境来。

（3）以人为本。在园林中，园路设计也必须遵循供人行走为先的原则。也就是说设计修筑的园路必须满足导游和组织交通的作用，要考虑到人总喜欢走捷径的习惯。因此，园路设计必须首先考虑为人服务、满足人的需求。否则，就会导致修筑的园路少人走，而没有园路的绿地却被踩出了园路。

（4）切忌设计无目的、死胡同的园路。园林工程建设中的道路应形成一个环状道路网络，四通八达，道路设计要做到有的放矢，因景设路，因游设路，不能漫无目的，更不能使游人正在游兴时"此路不通"。

3. 设计要素

（1）绿化率。园路和城市园林景观路与普通主干道不同，其绿化用地率不得小于40%，而普通路仅为20%～30%。

（2）规划设计。园林和景观路的景观特色和风格应在城市绿地系统规划中统一确定，体现城市景观风貌和特色。

（3）设计风格。同一园路的绿化要风格统一，但不同路段可以有所变化，要体现城市风貌，景观路要与街景结合。

（4）植物选择。园林和城市景观路的植物应选择观赏价值高，能体现地方特色的植物，反映城市绿化特点和水平。

（5）植物配置。园路的植物配置和空间层次要协调，树形组合、色彩搭配和季相变化要自然，形式统一而富有变化，注重本地区经典配置形式的应用。

（6）环境要求。园路要与邻近的山、河、湖、海相结合，突出自然景观特色，做到自然与人文的和谐统一和完美结合。

4. 设计注意要点

（1）先主后支，主次分明。主园路要贯穿全园，形成全园的骨架。同时连接主要入口和主景区。既有消防、行车等功能，又有观景、漫步休闲功能。而支路是各分区的局部骨架，主要起到"循游"和"回流"的作用，使各区域相互联系和贯通。

（2）疏密适当。园路的疏密和景区的性质、园内的地形和游人的数量有关。一般安静休息区密度可小，文化活动区及各类展览区可大，游人多的地方可大，游人少的地方可小。总的说园路不宜过密。

（3）顺势辟路，曲折有致。园路的设计要与所处的地势相结合。地势平缓则路线舒展，可取大曲率；地势变化急剧则路径"顿置宛转"，有高有低，有曲有深，做到"路宜偏径，临濠蜿蜒"，使园路"曲折有情"。"顺势"就是要把握园区流通序列空间的构图游览情势，做到"因地制宜""因势利导"的布局设计。此外，在进行园路设计时，要注意道路平面上的曲折与剖面上的起伏相结合，做到顺地形而起伏，顺地势而转折。

（4）园路与建筑。在园路与建筑物的交接处，通常能形成路口。从园路与建筑相互交接的实际情况来看，一般都是在建筑近旁设置一块较小的缓冲场地，园路则通过这块场地与建设交接。但一些起过道作用的建筑、游廊等，通常不设缓冲小场地。根据对园路和建筑相互关系的处理和实际工程设计中的经验，可以采用以下几种方式来处理二者之间的交换关系。

1）"能上能下"。即常见的平行交接和正对交接，是指建筑物的长轴与园路中心线平行或垂直。

2）"侧对交接"。即建筑长轴与园路中心线相垂直，并从建筑正面的一侧相交接；或者园路从建筑物的侧面与其交接。

实际处理园路与建筑物的交接关系时，一般都避免斜路交接；特别是正对建筑某一角的斜角，冲突感很强。对不得不斜交的园路，要在交接处设一段短的直路作为过渡，或者为避免建筑与园路斜交将交接处形成的路角改成圆角。

（5）园路路口规划。园路路口的规划是园路建设的重要组成部分。从规划式园路系统和自然式园路系统的相互比较情况来看，自然式园路系统中则以三岔路口为主，而在规划式园路系统中则以十字路口比较多。路口设计应注意以下要点。

1）两条自然式园路相交于一点，所形成的对角不宜相等。道路需要转换方向时，离原交叉点要有一定长度作为方向转变的过渡。如果两条直线道路相交时，可以正交，也可以斜交。为了美观实用，要求交叉在一点上，对角相等，这样就显得自然和谐。

2）两路相交所成的角度一般不宜小于60°。如果由于实际情况限制，角度太小，可以在交叉处设立一个三角绿地，使交叉所形成的尖角得以缓和，如图2-2所示。

3）如果三条园路相交在一起时，三条路的中心线应交汇于一点上，否则显得杂乱，如图2-3所示。

4）由主干道上发出来的次干道分叉的位置，宜在主干道凸出的位置处，这样就显得流畅自如，如图2-4所示。

5）较短的距离内道路的一侧不宜出现两个或两个以上的道路交叉口，尽可能避免多条道路交接在一起。如果避免不了，则需在交接处形成一个广场。

6）凡道路交叉所形成的大小角都宜采用弧线，每个转角要圆润。

7）两条相反方向的曲线园路相遇时，在交接处要有较长距离的直线，切忌是"S"形。

8）园路布局应随地形、地貌、地物而变化，做到自然流畅、美观协调。

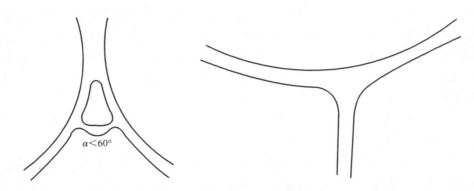

图2-2　两条路交叉处设立三角绿地　　　　图2-3　三条园路的中心线交汇于一点

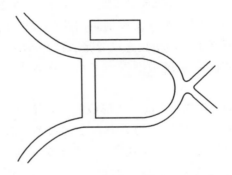

图2-4　主干道上发出的次干道分叉的位置

　　（6）园路与种植。林荫夹道应该是最好的绿化效果，郊区大面积绿化，行道树可与两旁绿化种植结合在一起，自由进出，不按间距灵活种植实现路在林中走的意境，即夹景；有一定距离但在局部稍做浓密布置，形成阻隔，是障景。障点使人有"山重水复疑无路，柳暗花明又一村"的意境。

　　在园路的转弯处，可以利用植物加以强调，既有引导游人的功能，又极其美观。园路的交叉路口处，常常可以设置中心绿岛、回车岛、花钵、花树坛等，同样具有美观和疏导游人的作用。还应注意园路和绿地的高低关系，设计好的园路，常是浅埋于绿地之内，隐藏于绿丛之中的，尤其山麓边坡外，园路一经暴露便会留下道道横行痕迹，极不美观，所以要求路比"绿"低，但不一定比

"土"低。

（7）山地园林道路。山地园林道路受地形的限制，宽度不宜过大，一般大路宽 2～3m，小路则不大于 1.2m。当道路坡度在 6% 以内的时候，则可按一般道路处理，超过 6%～10% 的时候，就应顺等高线做成盘山道以减小坡度。山道台阶每 15～20 级最好有一段平坦的地面让人们在其间休息。稍大的地面还可设一定的设施供人们休息眺望。盘山道的路面常做成向内倾斜的单面坡，使游人行走有舒适安全的感觉。

此外，山路的布置还要根据山的体量、高度、地形变化、建筑安排、绿化种植等综合安排。较大的山，山路应分出主次。主路可形成盘山路，次路可随地随形取其方便，小路则是穿越林间的羊肠小路。

（8）山地台阶。山地台阶是为解决园林地形的高差而设的。它除了具有使用功能以外，还有美化装饰的功能，特别是它的外形轮廓具有节奏感，常可作为园林小景。台阶通常附设于建筑出入口、水旁、岸壁和山路。

5. 设计方法

（1）确定园路布局风格。对收集来的设计资料及其他图面资料进行分析研究，从而初步确定园路布局风格。

（2）确定主干道的位置布局和宽窄规格。对公园或绿地规划中的景点、景区及其周边的交通景观等进行综合分析，必要时可与有关单位联合分析，并研究设计区内的植物种植设计情况。通过以上分析研究，确定主干道的位置布局和宽窄规格。

（3）形成布局设计图。以主干道为骨架，用次干道进行景区的划分，并通达各区主景点，再以次干道为基点，结合各区景观特点，具体设计游步道，形成布局设计图。园路布局设计实例如图 2-5 和图 2-6 所示。

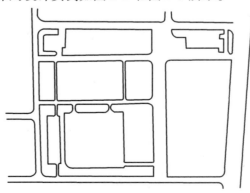

图 2-5　赤冢运动公园道路系统（规则式园路）

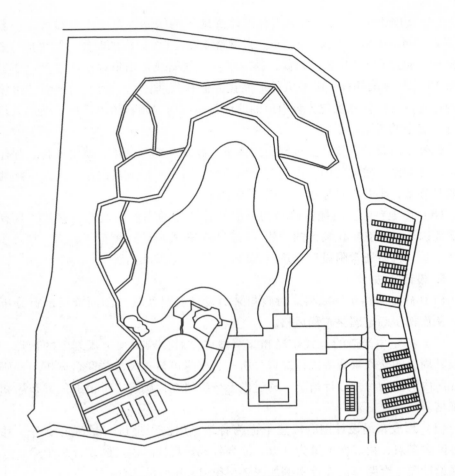

图 2-6　新潟县植物园道路系统（自然式园路）

【新手必懂知识】园路设计要求

1. 以总体设计为依据

各级园路应以总体设计为依据，确定路宽、平曲线和竖曲线的线形以及路面结构。园路设计应根据总体设计的选线（路由）、控制标高和特色要求具体确定园路的宽度、平曲线和竖曲线的线形以及路面结构。

2. 园路的宽度规定

（1）园路宽度宜符合表 2-1 的规定。

表2-1 园路宽度（单位：m）

园路级别	陆地面积/hm²			
	<2	2~10	10~50	>50
主路	2.0~3.5	2.5~4.5	3.5~5.0	5.0~7.0
支路	1.2~2.0	2.0~3.5	2.0~3.5	3.5~5.0
小路	0.9~1.2	0.9~2.0	1.2~2.0	1.2~3.0

表2-1是根据对40多个公园和8个动物园所作的统计分析而提出的。一些由于非交通功能需要而宽度较大的园路、交通功能不强的步石和只能由单人通过的狭窄园路在园路系统中所占比例极小，在此不作规定。园路宽度有一些幅度，是适应不同性质和不同游人容量的公园需要。

园路最低宽度为0.9m，以便两人相遇时有一人侧身尚能交错通过。2.0m宽度可供两人通行；2.0~3.5m的宽度可通行小型车辆；3.5~5.0m的园路可满足多股人流通行，也可满足运输工具的通行要求。

（2）根据交通部门的有关规定，经常通行机动车的园路宽度应大于4m，转弯半径不得小于12m。

3. 公园出入口宽度

（1）公园游人出入口总宽度下限符合表2-2的规定。

表2-2 公园游人出入口总宽度下限

游人人均在园停留时间/h	售票公园/（m/万人）	不售票公园/（m/万人）
>4	8.3	5.0
1~4	17.0	10.2
<1	25.0	15.0

注：单位"万人"是指公园游人容量。

（2）单个出入口最小宽度1.5m。

（3）举行大规模活动的公园，应另设安全门。

4. 园路线形设计

园路线形设计应符合下列规定。

（1）与地形、水体、植物、建筑物、铺装场地及其他设施结合，形成完整的风景构图。

（2）创造连续展示园林景观的空间或欣赏前方景物的透视线。

（3）路的转折、衔接通顺，符合游人的行为规律。

5. 坡度

（1）主路纵坡宜小于8%，横坡宜小于3%，粒料路面横坡宜小于4%，纵、横坡不得同时无坡度。山地公园的园路纵坡应小于12%，超过12%应做防滑处理。主园路不宜设梯道，必须设梯道时，纵坡宜小于36%。我国的建筑规范中一般规定步道坡度8%以上宜按台阶设计；国际康复协会规定残疾人使用的坡道最大纵坡8.33%。因此，主路纵坡上限为8%。通过对实际情况的调查，山地公园主路纵坡应小于12%。主路不宜设梯道是考虑坐轮椅和行走有困难的游人通行方便，同时便于养护工具通行。

（2）支路和小路纵坡宜小于18%。纵坡超过15%路段，路面应做防滑处理；纵坡超过18%时，宜按台阶、梯道设计，台阶踏步数不得少于2级，坡度大于58%的梯道应做防滑处理，宜设置护栏设施。

目前，我国建筑上常用的室外台阶比较舒适的高度为12cm，宽度为30cm，纵坡为40%。调查资料表明：纵坡为36.49%的梯道上下行还不感到累，但心理上有负担；坡度达39%时，老年人上下行均感到稍累，精神上有些紧张。因此，为照顾全体游人交通的需要，主路上梯道的纵坡度宜小于36%。关于支路和小路上的梯道，目前我国使用的楼梯坡度一般在36.4% ～ 100%，适宜的为66.7%，但楼梯一般位于室内且有扶手栏杆。因此，对于公园中支路和小路的纵坡度大于58%的梯道应做防滑处理，宜设扶手栏杆。

6. 安全防护实施

园路在地形险要的地段应设置安全防护设施。

7. 通行复线

通往孤岛、山顶等卡口的路段宜设通行复线；必须沿原路返回的宜适当放宽路面。应根据路段行程及通行难易程度，适当设置供游人短暂休憩的场所及护栏设施。

8. 园路的结构和饰面

园路及铺装场地应根据不同功能要求确定其结构和饰面。面层材料应与公园风格相协调，并宜与城市车行路有所区别。园路由于功能不同，有些需要通行大量人流或机动车，有些则只作为少量人流通行之用，荷载不同，需有不同的结构和面层材料。公园中的路面面层材料的选择同时又受公园总体风格的制约，因此与城市车行道路的路面要有所区别。

9. 无障碍设计

随着现代社会的发展，残疾人事业越来越受到重视，园林绿地的各种效能要便于残疾人使用，园路的设计也就应该满足无障碍设计。

（1）路面宽度不能小于1.2m，回车路段路面宽度不宜小于2.5m。

（2）道路纵坡一般不宜超过4%，且坡长不宜过长，在适当距离应设水平路段，并不应有阶梯。

（3）应尽可能减小道路横坡。

（4）坡道坡度为1/20～1/15时，其坡长一般不宜超过9m；每逢转弯处，应设不小于1.8m的休息平台。

（5）园路一侧为陡坡时，应设10cm高以上的挡石，并设扶手栏杆。

（6）排水沟箅子等，不得凸出路面，并注意不得卡住车轮和盲人的拐杖。具体做法参照《无障碍设计规范》（GB 50763—2012）。

【新手必懂知识】园路的线型设计

1. 平面线型设计

平曲线设计就是具体确定园路在平面上的位置，由勘测资料和园路性质等级要求以及风景景观的需要，定出园路中心线的位置和园路的宽度，确定直线段，选用平曲线半径，合理解决曲线、直线的衔接，恰当地设置超高、加宽路段，确保安全视距，绘出园路平面设计图。

（1）园路构图中常见的几种线型。根据线型不同，可将园路分为自然式和规则式两类。

1）自然式园路通常采用流畅的线条，迂回曲折，以曲线构图为主，体现"虽由人作，宛自天开"的效果，在东方园林中应用较为广泛。

2）规则式园路恰好相反，通常采用严谨整齐的几何式道路布局，以直线构图为主，突出人工的痕迹，多用于西方园林中。

近年来，随东西方造园艺术的交流，规则与自然相结合，直线和曲线混合构图的园路布局手法也数见不鲜。

（2）园路的平面线型设计要求。在园路布局设计完成后，园路的位置已确定了，但在园路技术设计时，应对下列内容进行复核。

1）重点景区的游览大道及大型园林的主干道路面宽度应考虑能通行大卡车、大型客车，而在公园内为避免占用太多的绿地空间一般不宜超过6m。

2）为满足公园管理及生活运输的需要，公园主干道应能通行卡车，对重点文物保护区的主要建筑物四周的道路，应能通行消防车，其路面宽度一般为3.5m。

3）游步道应多于主、次干道，宽度在1～2.5m，因地制宜，灵活设计，并使其本身能起到造景作用。游人及各种车辆的最小运动宽度见表2-3。

表 2-3　游人及各种车辆的最小运动宽度

交 通 种 类	最小宽度/m
单人	≥0.75
自行车	0.6
三轮车	1.24
手扶拖拉机	0.85 ~ 1.5
小轿车	2.00
消防车	2.06
卡车	2.50
大轿车	2.66

（3）平曲线半径的选择。当道路由一段直线转到另一段直线上去时，其转角的连接部分采用圆弧形曲线，这个圆弧曲线就称为平曲线。平曲线设计是为了缓和行车方向的突然改变，确保汽车行驶的平稳安全，或确保游步道的自然顺畅，它的半径即是平曲线半径，如图 2-7 所示。平曲线最小半径取值为 10 ~ 30m。

1）自然式园路曲折迂回，在平曲线变化时主要由以下因素决定。

① 园林造景的需要。

② 当地地形、地物条件的要求。

③ 在通行机动车的地段上行车安全的要求。

④ 行车平曲线半径不得小于 6m，这一半径不考虑行车速度，只要满足汽车的最小转弯半径即可，如图 2-8 所示。

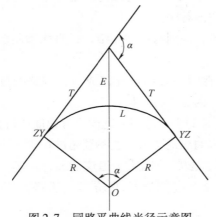

图 2-7　园路平曲线半径示意图

T—切线长（m）　E—曲线外距（m）　L—曲线长（m）

α—路线转折角度　R—平曲线半径（m）

ZY—直圆点（曲线终点）　YZ—圆直点（曲线终点）

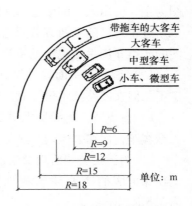

图 2-8　平曲线最小转弯半径

2）在考虑行车速度时平曲线设计应注意以下几个方面。

① 曲线加宽。车辆在弯道上行驶，由于前后轮的轮迹不同，外侧前轮转弯半径大，同时车身所占宽度也比直线行驶时大。而且半径越小，这一情况越显著，因此在小半径弯道上，弯道内侧的路面要适当加宽，如图2-9所示。

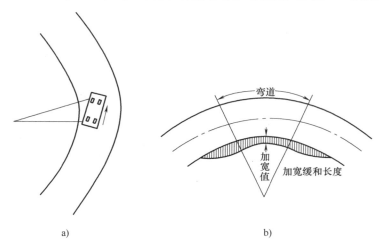

a)   b)

图2-9　弯道行车道后轮轨迹与曲线加宽图

a）弯道行车道后轮轨迹　b）弯道路面加宽

② 行车视距。车辆行驶中，必须确保驾驶员在一定距离内能观察到路上的一切情况，以便有充分时间采用适当的措施，防止发生交通事故，这个距离称为行车视距。行车视距的长短与车辆的制动效果、车速及驾驶员的技术反应时间有关。行车视距分为停车视距和会车视距。停车视距是指驾驶员在行驶过程中，从看到同一车道上的障碍物时，开始刹车到达障碍物前安全行车的最短距离。会车视距是指两辆汽车在同一条行车道上相对行驶发现对方时来不及或无法错车，只能双方采取制动措施，使车辆在相撞之前安全停车的最短距离。常用的停车及会车视距见表2-4。

表2-4　常用的停车及会车视距

视　距	道 路 等 级		
	园路及居住区道路	主 干 道	次 干 道
停车视距/m	25～30	75～100	50～75
会车视距/m	50～60	150～200	100～150

道路转弯处必须空出一定的距离，使驾驶员在这段距离内能看到对面或侧方来往的车辆，并有一定的刹车和停车时间，而不致发生撞车事故。根据两条相交

道路的两个最短视距，这段距离即为行车的安全视距 S（图2-10），一般采用30
~35m 安全视距为宜。在交叉路口平面图上绘出的三角形（图2-10），称为视距
三角形，在视距三角形内障碍物的高度（包括绿化）不得超过车辆驾驶员的视
线高度，一般为 1.2~1.5m。

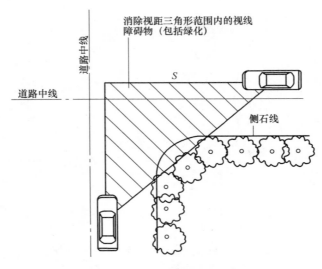

图 2-10　行车安全视距

（4）平曲线的衔接。平曲线的衔接是指两条相邻近的平曲线相接，分为三
种，见表2-5。

表 2-5　平曲线衔接

衔接类型	特　　点
同向衔接	即相邻曲线直接同向衔接。同向曲线如果在两曲线上所设超高横坡不等时，则在半径较大的曲线内，设置由一个超高过渡到另一个超高的缓和段。当同向曲线间有一短直线段插入，其长度小于超高缓和段所需的长度时，则最好把同向两曲线改成一条曲线，可增大其中一条曲线的半径，使两曲线直接相接。无法改变时，在短直线段内不宜做成双向横坡，而要做成单向横坡
反向衔接	相邻曲线直接反向衔接。半径大到不设超高的反向曲线，可直接相接；反向曲线段均设超高时，则需在其中插入一直线段，以便于将两边的不同超高在直线段上实施
断背曲线	即相邻曲线间插入直线段

2. 横断面线型设计

（1）园路横断面的概念。园路的横断面是指垂直于园路中心线方向的断面。它关系到交通安全、环境卫生、用地经济、景观等。园路横断面设计在园林总体规划中所确定的园路路幅或在道路红线范围内进行。它由车行道、人行道或路肩、绿带、地上和地下管线（给水、电力、电信等）共同敷设带（简称共同沟）、排水（雨水、中水、污水）沟道、电力电信照明电杆、分车导向岛、交通组织标志、信号和人行横道等组成，如图2-11所示。

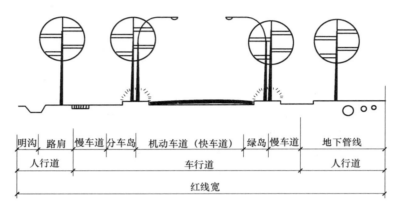

图2-11　标准横断面组成

（2）园路横断面设计。园路横断面设计的主要内容包括：依据规划道路宽度和道路断面形式，结合实际地形确定合适的横断面形式；确定合理的路拱横坡；综合解决路与管线及其他附属设施之间的矛盾等。

1）园路横断面形式的确定。道路的横断面形式依据车行道的条数通常可分为"一板式"（机动与非机动车辆在一条车行道上混合行驶，上行、下行不分隔）、"二板式"（机动与非机动车辆混驶，但上行、下行由道路中央分隔带分开）等形式。公园中常见的路多为"一板式"。

通常在总体规划阶段会初步定出园路的分级、宽度及断面形式等，但在进行园路技术设计时仍需结合现场情况重新进行深入设计，选择并最终确定适宜的园路宽度和横断面形式。

2）园路路拱设计。为了使雨水快速排出路面，道路的横断面通常设计为拱形、斜线形，称之为路拱设计。它主要是确定道路横断面的线形和横坡坡度。园路路拱的基本设计形式有直线形、折线形、抛物线形和单坡形四种，见表2-6。

表 2-6　园路路拱的基本形式

形 式	特 点	图 示
直线形路拱	这种形式适用于横坡坡度较小的双车道或多车道水泥混凝土路面。最简单的直线形路拱是由两条倾斜的直线所组成的。在直线形路拱的中部也可以插入一段抛物线或圆曲线，但曲线的半径不宜小于 50m，曲线长度不应小于路面总宽度的 10%	$i=3\%\sim4\%$ h_1 $B'\times8$ B 直线形
折线形路拱	由道路中心线向两侧逐渐增大横坡度的若干短折线组成的路拱。这种路拱的横坡度变化比较徐缓，路拱的直线较短，近似抛物线形路拱，对排水、行人、行车也都有利，一般用于比较宽的园路。为了行人和行车方便，通常可在横坡 1.5% 的直线形路拱的中部插入两段 0.8% ~ 1.0% 的对称连接折线，使路面中部不至于呈现屋脊形	2.5%　2%　1.5%　$0.8\%\sim1.0\%$ h_4　h_3　h_2　h_1 $B'\times8$ 折线型
抛物线形路拱	这是最常用的路拱形式。其特点是：路面中部较平，越向外侧坡度越陡，横断路面呈抛物线形。这种路拱对游人行走、行车和路面排水都很有利，但不适于较宽的道路以及低等级的路面。抛物线形路拱路面各处的横坡度一般宜控制在：$i_1\geqslant0.3\%$，$i_4\leqslant5\%$，且 i 值平均为 2% 左右	i_4　i_3　i_2　i_1 h_4　h_3　h_2　h_1 $B'\times8$ 抛物线形
单坡形路拱	单坡形路拱可以看作是以上三种路拱各取一半所得到的路拱形式。其路面单向倾斜，雨水只向道路一侧排除。在山地园林中，常采用这种形式。但这种路拱不适宜较宽的道路，道路宽度一般不大于 9m。这种路拱形式由于夹带泥土的雨水总是从道路较高一侧通过路面流向较低一侧，容易污染路面，因此，在园林中采用时也受到很多限制	h_1　h_2　$i=3\%\sim4\%$ h_3　h_4　$B'\times7$ 单坡形

3）园路横断面综合设计。在自然地形起伏较大地区设计道路横断面时，如果道路两侧的地形高差较大，结合地形布置道路横断面有以下几种形式。

① 结合地形将人行道与车行道设置在不同高度上，人行道与车行道之间用斜坡隔开或用挡土墙隔开，如图 2-12 所示。

② 将两个不同行车方向的车行道设置在不同高度上，如图 2-13 所示。

③ 结合岸坡倾斜地形，将沿河一边的人行道布置在较低的不受水淹的河滩

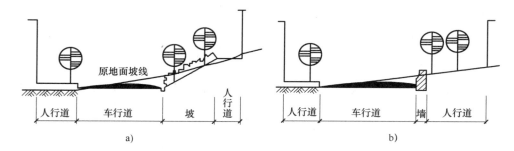

图 2-12　人行道与车行道设置在不同高度上

a）人行道与车行道用斜坡隔开　b）人行道与车行道用挡土墙隔开

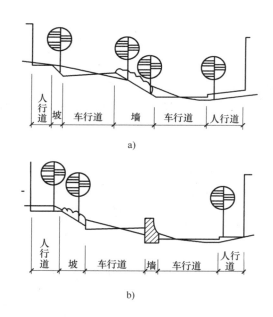

图 2-13　不同行车方向的车行道设置在不同高度上

a）人行道与车行道间用斜坡隔开　b）人行道与车行道间用挡土墙隔开

上，供居民散步休息之用。供车辆通行的车行道设在上层，如图 2-14 所示。

3. 纵断面线型设计

（1）园路纵断面的概念。园路纵断面是指路面中心线的竖向断面。纵断面线型即道路中心线在其竖向剖面上的投影形态。路面中心线在纵断面上为连续相折的直线，在折线的交点处要设置成竖向的曲线状，使路面平顺，即园路的竖向曲线。竖曲线的设置可使园林道路多有起伏，路景生动，视线俯仰变化，会使游人游览散步时感觉舒适方便。

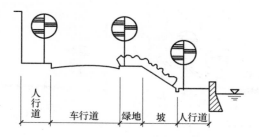

图 2-14　岸坡地形人行道的布置

（2）园路纵断面设计。

1）设计要求。

① 随地形的变化而起伏变化，线形平顺。

② 在满足造园艺术要求的情况下，尽量利用原地形，保证路基稳定，并减少土方量。

③ 确保与相交的道路、广场、沿路建筑物和出入口有平顺的衔接。

④ 园路应配合组织园内地面水的排除，并与各种地下管线密切配合，共同达到经济合理的要求。

2）设计内容。

① 确定线路各处合适的标高。

② 设计各路段的纵坡及坡长。

③ 选择各处竖曲线的合适半径，设置竖曲线并计算施工高度等，以保证视距要求。

3）设计要点。

① 纵坡度。一般园路为保证路面水的排除与行车安全，同时又可丰富路景行车，道路的纵坡一般为 0.5% ~ 8%；供自行车骑行园路的纵坡宜在 2.5% 以下，不超过 4%；轮椅、三轮车宜为 2% 左右，不超过 3%；不通车的人行游览道纵坡不超过 12%；坡度在 12% 以上时，必须设计为梯级道路；除了专门设在悬崖峭壁边的梯级磴道外，一般的梯道纵坡坡度都不应超过 100%；当道路纵坡较大而坡长又超过限制时，则应在坡路中插入坡度不大于 3% 的缓和坡段；或者在过长的梯道中插入一至数个平台，以供人暂停小歇并起到缓冲作用。

② 横坡度。园路横坡一般为 1% ~ 4%，呈两面坡以便于排水；弯道处因设超高而呈单向横坡；不同材料路面的排水能力不同，因此，各种类型路面对纵横坡度的要求也不同，见表 2-7。

表 2-7 各种类型路面的纵横坡度

路石类型	纵坡（‰）				横坡（%）	
	最 小	最 大		特 殊	最 小	最 大
		游览大道	园路			
水泥混凝土路面	3	60	70	100	1.5	2.5
沥青混凝土路面	3	50	60	100	1.5	2.5
块石、炼砖路面	4	60	80	110	2	3
拳石、卵石路面	5	70	80	70	3	4
粒料路面	5	60	80	80	2.5	3.5
改善土路面	5	60	60	80	2.5	4
游步小道	3		80		1.5	3
自行车道	3	30			1.5	2
广场、停车场	3	60	70	100	1.5	2.5
特别停车场	3	60	70	100	0.5	1

③ 竖曲线。园路总是上下起伏的，在起伏转折的地方，由一条圆弧连接。这种圆弧是竖向的，工程上把这样的弧线称为竖曲线。竖曲线应考虑会车安全，如图 2-15 所示。

凸形竖曲线 凹形竖曲线

图 2-15 竖曲线

④ 弯道超高。当汽车在弯道上行驶时，产生横向推力称为离心力。离心力的大小与车行速度的平方成正比，与平曲线的半径成反比。为了防止车辆向外侧滑移，抵消离心力的作用，就要把路的外侧抬高，如图 2-16 所示。

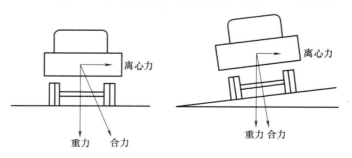

图 2-16 汽车在弯道上行驶受力分析

【新手必懂知识】园路结构组成

园路一般由路面、路基和附属工程三部分组成。

1. 路面

园路路面由面层、结合层、基层和垫层四部分构成，如图 2-17 所示。

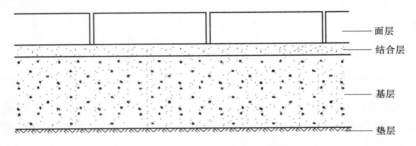

图 2-17　园路路面结构示意图

（1）面层。面层是园路路面最上的一层。它直接承受人流、车辆的荷载和大气因素的影响，因此要求其坚固、平稳、耐磨，具有一定的粗糙度，少尘土，便于清扫，同时尽量美观大方，和园林绿地景观融为一体。如果面层选择不好，就会给游人带来"无风三尺土，雨天一脚泥"等不利影响。

面层材料的选择应遵循的原则：要满足园路的装饰性，体现地面景观效果；要求色彩和光线的柔和，防止反光；应与周围的地形、山石、植物相配合。常用的面层材料，见表 2-8。

表 2-8　常用的面层材料

材　　料	特　　　点
水泥混凝土	普通抹灰材料：用普通灰色水泥配制成1:2 或1:2.5 水泥砂浆，在混凝土面层浇注后尚未硬化时进行抹面处理，抹面厚度为 1.0～1.5cm 彩色水泥抹面装饰材料：水泥路面的抹面层所用水泥砂浆，可通过添加颜料而调制成彩色水泥砂浆，用这种材料可做出彩色水泥路面。不同颜色的彩色水泥及其所用颜料，见表 2-9 彩色水磨石地面材料：是用彩色水泥石子浆罩面，经过磨光处理而成的装饰性路面 露集料饰面材料：采用这种饰面方式的混凝土路面和混凝土铺砌板，其混凝土应用粒径较小的卵石配制

（续）

材 料	特 点
片块状材料	红砖：硬度比自然石、混凝土、石板差，且易磨损，但以其色彩及易于施工的特点，用于专供行人步行的通道，仍是理想的材料 切石板：适于加工切板的石材有花岗岩、黏板岩、安山岩等 步石：按材质可分为自然石、加工石、人工石和木质等，要求面要平坦、不滑，不易磨损或断裂，一组步石的每块石板在形色上要类似而调和，不可差距太大。步石的尺寸可有 30cm 直径的小块到 50cm 直径的大块均可，厚度在 6cm 以上为佳 鹅卵石：指直径为 6～15cm，形状圆滑的河川冲刷石，用鹅卵石铺设的园路乍看起来稳重而又实用，别具一格 洗石子：粒径一般为 5～10mm，卵圆形，颜色有黑、灰、白、褐等，可以选用单色或混合色应用。混合色往往较能与环境调和，因此用得较普遍。洗石子地面处理除了用普通的水泥外，尚可用白色或加有红色、绿色等色剂的水泥，使石子洗出的格调更为特殊
地面镶嵌与拼花材料	用不同颜色、不同大小、不同长扁形状石子铺地拼花
嵌草路面材料	嵌草路面有两种类型：一种是在块料铺装时，在块料之间留出空隙，其间种草，如冰裂纹嵌草路面、空心砖纹嵌草路面、人字纹嵌草路面等；另一种是制作成可以嵌草的各种纹样的混凝土铺地砖
木材路面材料	圆木桩：铺地用的木材以松、杉、桧为主，直径需 10cm 左右。圆木桩的长度平均锯成 15cm 木铺：用于铺地的木材有正方形的木条、木板，圆形的、半圆形的木桩等。在潮湿近水的场所使用时，宜选择耐湿防腐的木料

表 2-9　彩色水泥的配制

调制水泥色	水泥及其用量	颜料及其用量
红色、紫砂色水泥	普通水泥 500g	铁红 20～40g
咖啡色水泥	普通水泥 500g	铁红 15g、铬黄 20g
橙黄色水泥	白色水泥 500g	铁红 25g、铬黄 10g
黄色水泥	白色水泥 500g	铁红 10g、铬黄 25g
苹果绿色水泥	白色水泥 1000g	铬绿 150g、钴蓝 50g
青色水泥	普通水泥 500g	铬绿 0.25g
青色水泥	白色水泥 1000g	钴蓝 0.1g
灰黑色水泥	普通水泥 500g	炭黑适量

（2）结合层。结合层是指在采用块料铺筑面层时，面层和基层之间的一层。结合层的主要作用是结合面层和基层，同时起到找平的作用。

结合层一般用 M7.5 水泥、白灰、混合砂浆或 1:3 白灰砂浆。砂浆摊铺宽度应大于铺装面 5~10cm，已拌好的砂浆应当日用完，也可用 3~5cm 的粗砂均匀摊铺而成。特殊的石材铺地，如整齐石块和条石块，结合层采用 M10 水泥砂浆。

与普通混凝土相比，砂浆又称集料混凝土，在建筑工程中用途非常广泛，其主要用途如下：

1）在砖石结构中，将砖、石、砌块胶结成砌体。

2）用于室内外基础、墙面、地面、天棚及钢筋混凝土梁、柱等表面抹灰。

3）镶贴大理石、水磨石、陶瓷面砖等饰面的粘接材料。

4）用作管道、大板等接头及接缝材料。

（3）基层。基层在面层之下、土基之上，是路面结构中主要承重部分。它一方面承受由面层传下来的荷载，一方面把荷载传给路基。由于基层不外露，不直接造景，不直接承受车辆、人为及气候条件等因素的影响，因此对材料的要求比面层低，通常采用碎石、灰土或各种工业废渣作为基层。各种园路基层材料的详情，见表 2-10。

表 2-10　园路基层材料

材料	特　点	规格要求
干结碎石	在施工过程中，不洒水或少洒水，依靠充分压实及用嵌缝料充分嵌挤，使石料间紧密锁结所构成的具有一定强度的结构，一般厚度为 8~16cm，适用于园路中的主路等	要求石料强度不低于 8 级，软硬不同的石料不能掺用；碎石最大粒径视厚度而定，一般不宜超过厚度的 0.7 倍，50mm 以上的大粒料占 70%~80%，0.5~20mm 粒料占 5%~15%，其余为中等粒料
天然级配砂砾	用天然的低塑性砂料，经摊铺整型并适当洒水碾压后所形成的具有一定密实度和强度的基层结构。它的一般厚度为 10~20cm，如果厚度超过 20cm 应分层铺筑。它适用于园林中各级路面，特别是有荷载要求的嵌草路面，如草坪停车场等	砂砾要求颗粒坚韧，大于 20mm 的粗集料含量占 40% 以上，其中最大料径不大于基层厚度的 0.7 倍，即使基层厚度大于 14cm，砂石材料最大料径一般也不得大于 10cm，5mm 以下颗粒的含量应小于 35%，塑性指数不大于 7

（续）

材料	特 点	规格要求
石灰土	在粉碎的土中，掺入适量的石灰，按照一定的技术要求，把土、灰、水三者拌和均匀，在最佳含水量的条件下成形的结构。力学强度高，有较好的整体性、水稳性和抗冻性。后期强度高，适用于各种路面的基层、底基层和垫层。为达到要求的压实度，石灰土基层一般应用不小于12t的压路机等压实机具进行碾压。每层的压实厚度最小不应小于8cm，最大也不应大于20cm，如果超过20cm，应分层铺筑，分层碾压	土：各种成因的塑性指数在4以上的砂性土、粉性土、黏性土均可用于修筑石灰土。塑性指数7~17的黏性土类，易于粉碎均匀，便于碾压成形，铺筑效果较好。人工拌和，应筛除1.5cm以上的土颗粒。土中的盐分及腐植物质对石灰有不良影响，对于硫酸含量超过0.8%，或腐植物质含量超过10%的土类，均应事先通过试验，参考已有经验予以处理。土中不得含有树根、杂草等物 石灰：石灰质量应符合标准，应尽可能缩短石灰存放时间，最好在出厂后三个月内使用，否则应采取封土等有效措施。石灰土的石灰剂量是按熟石灰占混合料总干重的百分率计算。石灰剂量的大小应根据结构层所在的位置要求的强度、水稳性、冰冻稳定性和土质、石灰质量、气候及水文条件等因素，参照已有经验来确定 水：一般露天水源及地下水源均可用于石灰土施工。如水质可疑，应事先进行试验，经鉴定后才能使用 混合料的最佳含水量和最大密实度：石灰土混合料的最佳含水量及最大密实度（即最大干容重），随土质及石灰的剂量不同而不同。最大密度随着石灰剂量的增加而减少，而最佳含水量随着石灰剂量增加而增加
煤渣石灰土	也称二渣土，是以煤渣、石灰（或电石渣、石灰下脚）和土三种材料，在一定的配比下，经拌和压实而形成强度较高的一种基层。具有石灰土的全部优点，且强度、稳定性和耐磨性均比石灰土好，隔温防冻隔泥排水性能也优于石灰土，适用于地下水位较高或靠近湖边的道路铺装场地。煤渣石灰土对材料要求不太严，允许范围较大。一般最小压实厚度应不小于10cm，但也不宜超过20cm，大于20cm时应分层铺筑、分层压实	煤渣：一般锅炉煤渣或机车炉渣均可使用，要求煤渣中未燃尽之煤质（烧失量）不超过20%，煤渣无杂质；颗粒略有级配，一般大于40mm的颗粒不宜超过15%（如果用铧犁或重耙拌和，粒径可适当放宽），小于5mm的颗粒不大于60% 石灰：氧化钙含量大于20%的消石灰、电石渣或石灰下脚均使用；如果用石灰下脚时，在使用前要先进行化学分析及强度试验，以免有害物质混入 土：一般可以就地取土，但应符合对土的要求；人工拌和时土应筛除15mm以上土块 煤渣石灰土混合料的配比：要求不严，可以较大范围内变动，影响强度不大，表2-11的数值只供参考，在实际应用中，可根据当地条件适当调整

（续）

材料	特　点	规　格　要　求
二灰土	以石灰、粉煤灰与土，按一定的配比混合、加水拌匀碾压而成的一种基层结构。具有比石灰土还高的强度，有一定的板体性和较好的水稳性，适用于二灰土的材料要求不高，一般石灰下脚和就地土都可利用。对水敏感性强，初期强度低，在潮湿寒冷季节硬得很慢，因此冬期或雨期施工较为困难。为了达到要求的压实度，二灰土每层厚度，最小不宜小于8cm，最大不超过20cm，大于20cm时应分层铺筑、分层压实	石灰：二灰土对石灰的活性氧化物的含量要求不高，一般氧化钙含量大于20%均可使用；如果用电石渣或石灰下脚，与煤渣石灰土的要求相同 　　粉煤灰：是电厂煤粉燃烧后的残渣，呈黑色粉状体，80%左右的颗粒小于0.074mm，堆密度在600～750 kg/m³，由于粉煤灰是用水冲刷而排出的，因此含水量较大，须堆置一定时间，晾干后方可使用；粉煤灰颗粒粗细不同，颗粒越细对水敏感性越强，施工越不易掌握含水量，因此应选用粗颗粒为好 　　土：土质对二灰土影响很大，土的塑性指数越高，二灰土的强度也越高，因此应尽可能采用黏性土，但塑性指数不宜大于20。用铧犁和重耙（或手扶拖拉机带旋耕犁）拌和时，土可不需过筛。其他要求参见石灰土部分 　　混合料配比：合理的配比要通过抗压强度试验确定；一般经验配比为石灰:粉煤灰:土＝12:35:53，相应的体积比为1:2:2

表 2-11　煤渣石灰土配比参考

混合料名称	材料数量（质量分数）（%）		
	消　石　灰	土	煤　渣
煤渣石灰土	6～10	20～25	65～74
	12	30～60	28～58

　　（4）垫层。在路基排水不良或有冻胀、翻浆的路线上，用煤渣土、石灰土等稳定性好的材料作为垫层，设于基层之下，以满足排水、隔温、防冻需要。在园林中可以用加强基层的办法，而不另设垫层。

2. 路基

　　路基是路面的基础，它为园路提供一个平整的基面，承受由路面传下来的荷载，并保证路面有足够的强度和稳定性。路基设计在园路中相对简单，无特殊要求时，一般黏土或砂性土开挖后用蛙式夯实机夯3遍，就可直接作为路基；对于未压实的下层填土，经过雨季被水浸润后能使其自身沉陷稳定，其容重为180 g/cm³，可以用于路基；在严寒地区，严重的过湿冻胀土或湿软呈橡皮状土，宜采用1:9或2:8的灰土加固路基，其厚度一般为15cm。

3. 附属工程

　　（1）道牙。道牙是安置在路面两侧的园路附属工程，使路面与路肩在高程上衔接起来，起到保护路面、便于排水、标志行车道、防止道路横向伸展的作用。同时，作为控制路面排水的阻挡物，还可以对行人和路边设施起到保护作用。道牙一般用砖或混凝土制成，在园林中也可用瓦、大卵石、切割条石等一般分为立道牙和平道牙两种形式。其结构，如图2-18所示。

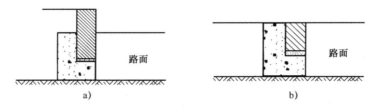

图2-18 道牙结构图

a）立道牙 b）平道牙

（2）明渠和雨水井。明渠和雨水井是为收集路面雨水而建的构筑物，在园林中常用砖块砌成。明渠一般多用于平道牙的路肩外侧，而雨水井则主要用于立道牙的道牙内侧。常用的明渠形式，如图2-19所示。

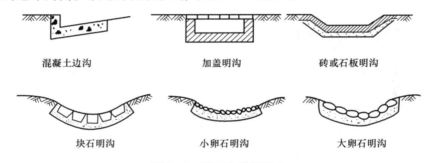

图2-19 常用的明渠形式

建筑前场地或者道路表面（无论是平面还是斜面）的排水均需要使用排水边沟。排水边沟的宽度必须与水沟的栅板宽度相对应。排水沟同样可以用于普通道和车行道旁，为道路设计提供一个富有趣味性的设计点，并能为道路建立独有的风格。这种设计方法在许多受保护的老建筑区域内可以看到。排水边沟应成为路面铺设模式的组成部分之一。当水沿路面流动时它可以作为路的边缘装饰。

排水沟可采用盘形剖面或平底剖面，并可采用多种材料，如现浇混凝土、预制混凝土、花岗岩、普通石材或砖，砂岩很少使用。花岗岩铺路板和卵石的混合使用可使路面有质感的变化，卵石由于其粗糙的表面会使水流的速度减缓，这在某些环境中显得尤为重要。

（3）台阶。台阶是解决地形变化，造园地坪高差的重要手段。当路面坡度超过12°时，在不通行车辆的路段上，可设台阶以便于行走。在设计中应注意以下四点。

1）台阶的宽度与路面相同，每级台阶的高度为 12 ~ 17cm、宽度为 30 ~ 38cm。

2）一般台阶不宜连续使用，如地形许可的条件下，每 10 ~ 18 级后应设一段平坦的地段，用来供游人恢复体力。

3）为了防止台阶积水、结冰，利于排水，每级台阶应有 1% ~ 2% 的向下的坡度。

4）台阶的造型及材料可以结合造景的需要，如利用天然山石、预制混凝土做成仿木桩、树桩等各种形式，装饰园景。为了夸张山势，造成高耸的感觉，以增加趣味台阶的高度也可增至 15cm 以上。

（4）礓礤。礓礤是指在坡度较大的地段上，一般纵坡超过 17% 时，本应设台阶，但为了能通行车辆，将斜面做成锯齿形坡道。常用礓礤的形式和尺寸，如图 2-20 所示。

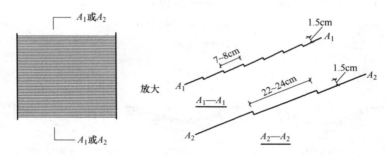

图 2-20　常用礓礤的形式和尺寸

（5）蹬道。在地形陡峭的地段，可结合地形或利用露岩设置蹬道。当其纵坡大于 60% 时，应做防滑处理，且应设扶手栏杆等。

【新手必懂知识】园路结构设计

1. 园路结构设计原则

园路结构设计中的影响因素有：大气中的水分和地面湿度，气温变化对地面的影响，冰冻和融化对路面的危害。

园路结构应具有如下特征：强度与刚度，稳定性，耐久性，表面平整度，表面抗滑性能和少尘性。

2. 园路结构设计注意要点

（1）就地取材。园路修建的经费在整个公园建设投资中占有很大的比例。为了节省资金，在园路修建设计时应尽量使用当地材料、建筑废料、工业废渣等。

（2）薄面、强基、稳基土。为了节省水泥石板等建筑材料，降低造价，提高路面质量，应尽量采用薄面、强基、稳基土，使园路结构经济、合理和美观。

3. 常见园路结构

按材料不同分为嵌草园路、混凝土园路和砖石园路三大类。

（1）常见的嵌草园路，如图2-21～图2-23所示。

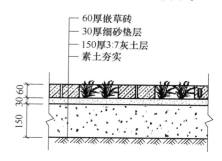

图2-21　嵌草砖地面剖面图

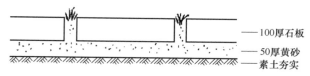

注：石缝宽30～50嵌草

图2-22　石板嵌草路剖面结构图

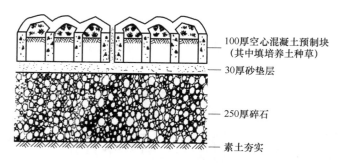

图2-23　混凝土嵌草路面剖面结构图

（2）常见的混凝土园路，如图2-24～图2-30。

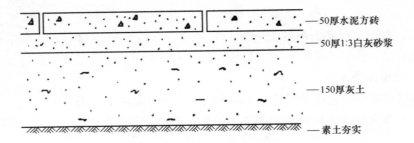

—50厚水泥方砖

—50厚1:3白灰砂浆

—150厚灰土

—素土夯实

图2-24　水泥方砖路剖面结构图

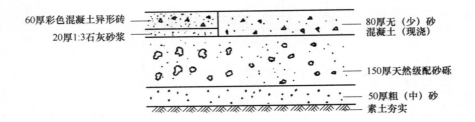

60厚彩色混凝土异形砖——

20厚1:3石灰砂浆——

—80厚无（少）砂混凝土（现浇）

—150厚天然级配砂砾

—50厚粗（中）砂

—素土夯实

图2-25　透水透气性路面剖面结构图

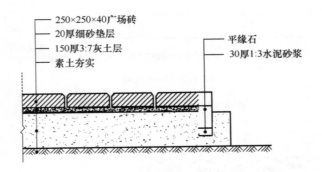

—250×250×40广场砖

—20厚细砂垫层

—150厚3:7灰土层

—素土夯实

平缘石

30厚1:3水泥砂浆

图2-26　混凝土砖地面铺装路剖面图

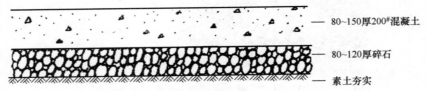

—80~150厚200#混凝土

—80~120厚碎石

—素土夯实

注：基层可用二渣（水碎渣、散石灰）、三渣（水碎渣、散石灰、道渣）。

图2-27　水泥混凝土路剖面结构图

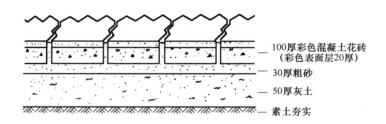

图 2-28 彩色混凝土砖路剖面结构图

说明：
- 100厚彩色混凝土花砖（彩色表面层20厚）
- 30厚粗砂
- 50厚灰土
- 素土夯实

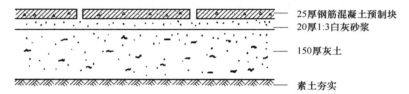

图 2-29 钢筋混凝土砖路剖面结构图

说明：
- 25厚钢筋混凝土预制块
- 20厚1:3白灰砂浆
- 150厚灰土
- 素土夯实

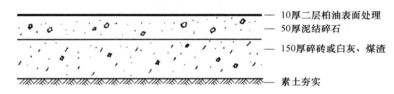

图 2-30 沥青碎石路剖面结构图

说明：
- 10厚二层柏油表面处理
- 50厚泥结碎石
- 150厚碎砖或白灰、煤渣
- 素土夯实

（3）常见砖石路面，如图 2-31 ~ 图 2-36 所示。

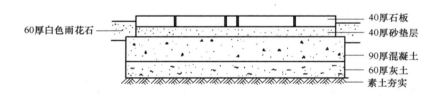

图 2-31 石块路面剖面结构图

说明：
- 60厚白色雨花石
- 40厚石板
- 40厚砂垫层
- 90厚混凝土
- 60厚灰土
- 素土夯实

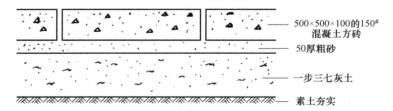

注：胀缝加10×9.5橡皮条

图 2-32 方砖路剖面结构图

说明：
- 500×500×100的150#混凝土方砖
- 50厚粗砂
- 一步三七灰土
- 素土夯实

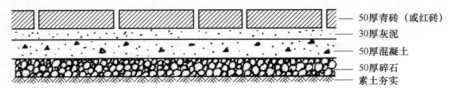

——50厚青砖（或红砖）
——30厚灰泥
——50厚混凝土
——50厚碎石
——素土夯实

图 2-33　青（红）砖铺路剖面结构图

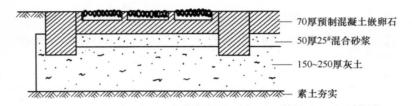

——70厚预制混凝土嵌卵石
——50厚25#混合砂浆
——150~250厚灰土
——素土夯实

图 2-34　卵石嵌花路剖面结构图

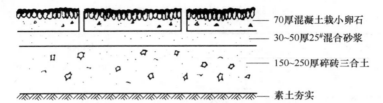

——70厚混凝土栽小卵石
——30~50厚25#混合砂浆
——150~250厚碎砖三合土
——素土夯实

图 2-35　卵石路剖面结构图

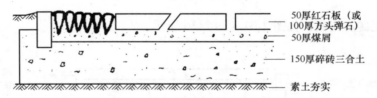

——50厚红石板（或100厚方头弹石）
——50厚煤屑
——150厚碎砖三合土
——素土夯实

图 2-36　红石板弹石路剖面结构图

第三节　　园 路 施 工

【高手必懂知识】施工准备

1. 实地勘察

通过实地勘察，熟悉设计场地及周围的情况，对园路、铺地的客观环境进行全面的认识，勘察时应注意以下几点：

（1）了解基地现场的地形、地貌情况，并校对图样。

（2）了解基地的土壤、地质情况，地下水位，地表积水情况、原因和范围。

（3）了解基地内原有建筑物、道路、河池及植物种植情况，要特别注意保护大树和名贵树木。

（4）了解地下管线的分布情况。

（5）了解园外道路的宽度及公园出入口处园外道路的标高。

2. 熟悉设计文件

施工前，为了方便编制施工方案，完成施工任务创造条件，负责施工的单位应组织有关人员熟悉设计文件，园路建设工程设计文件包括初步设计和施工图两部分。

3. 编制施工方案

施工方案是指导施工和控制预算的文件。一般的施工方案在施工图阶段的设计文件中已经确定，但负责施工的单位应作进一步的调查研究，根据工程的特点，结合具体施工条件，编制出更为深入而具体的施工方案。

4. 现场准备工作

（1）按施工计划确定并搭建好临时工棚。

（2）在园路工程涉及的范围内，凡是影响施工的地上、地下物，均应在开工前进行清理。对于计划保留的大树，应确定保护措施。

（3）做好维持施工车辆通行的便道、便桥。

（4）现场备料多指自采材料的组织运输和收料堆放，但外购材料的调运和贮存工作也不能忽视。一般开工前材料进场应在70%以上。若有运输能力，运输道路畅通，在不影响施工的条件下可随用随运。自采材料的备置堆放应根据路面结构、施工方法和材料性质而定。

【高手必懂知识】园路施工技术

1. 园路施工测量

（1）恢复中线。

1）道路中线。道路中线即道路的中心线，用于标志道路的平面位置。道路中线在道路勘测设计的定测阶段已经以中线桩（里程桩）的形式标定在线路上，此阶段的中线测量配合道路的纵、横断面测量，用来为设计提供详细的地形资料，并可以根据设计好的道路，计算施工过程中需要填挖土方的数量。设计阶段完成后，在进行施工放线时，由于勘测与施工有一定的间隔时间，定测时所设中线桩点可能丢失、损坏或移位，因此，这时的中线测量主要是对原有中线进行复测、检查和恢复，以保证道路按原设计施工。

道路中线的平面线形由直线和曲线组成。道路中线测量，如图2-37所示。

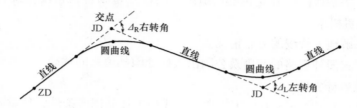

图2-37 道路中线测量示意图

2）恢复道路中线方法。恢复中线是将道路中心线具体恢复到原设计地面上，具体恢复方法见表2-12。

表2-12 恢复道路中线方法

方　　法	内　　容
路线交点和转点的恢复	路线的交点（包括起点和终点）是详细测设中线的控制点。一般先在初测的带状地形图上进行纸上定线，然后将图上确定的路线交点位置标定到实地。定线测量中，当相邻两交点互不通视或直线较长时，需要在其连线上测定一个或几个转点，以便在交点测量转角和直线量距时作为照准和定线的目标。直线上一般每隔200～300m设一转点，另外，在路线与其他道路交叉处以及路线上需设置桥、涵等构筑物处，也要设置转点
路线转角的恢复	在路线的交点处应根据交点前、后的转点或交点，测定路线的转角，通常测定路线前进方向的右角β来计算路线的转角，如图2-38所示。当$\beta < 180°$时为右偏角，表示线路向右偏转；当$\beta > 180°$时为左偏角，表示线路向左偏转。转角的计算公式为： $$\begin{cases} \Delta R = 180° - \beta \\ \Delta R = \beta - 180° \end{cases}$$ 在β角测定以后，直接定出其分角线方向C，如图2-38所示，在此方向上钉临时桩，以作此后测设道路曲线中点之用

（2）施工控制桩的测设。由于中桩在施工中要被挖掉，为了在施工中控制中线位置，就需要在不易受施工破坏、便于引用、易于保存桩位的地方测设施工控制桩。施工控制桩的测设方法有两种，见表2-13。

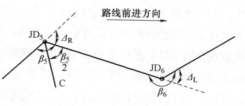

图2-38 路线转角的定义

表 2-13 施工控制桩的测设方法

方 法	内 容
平行线法	在路基以外测设两排平行于中线的施工控制桩。该方法多用于地势平坦、直线段较长的线路。为了施工方便，控制桩的间距一般取 10 ~ 20m，如图 2-39 所示
延长线法	在道路转折处的中线延长线上以及曲线中点（QZ）至交点（JD）的延长线上打下施工控制桩。延长线法多用于地势起伏较大、直线段较短的山地公路。它主要控制 JD 的位置，控制桩到 JD 的距离应量出，如图 2-40 所示

（3）路边桩基的测设。路基施工前，应把路基边坡与原地面相交的坡脚点（或坡顶点）找出来，以便于施工。路基边桩的位置按填土高度或挖土深度、边坡坡度及断面的地形情况而定。常用的路基边桩测设方法有以下两种。

1）图解法。在勘测设计时，地面横断面图及路基设计断面都已绘在毫米方格纸上，所以当填挖方不是很大时，路基边桩的位置可采用简便的方法求得，即直接在横断面图上量取中桩至边桩的距离，然后到实地用皮尺测设其位置。

2）解析法。

① 平坦地段路基边桩的测设。

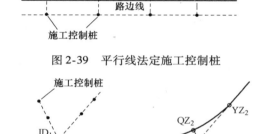

图 2-39 平行线法定施工控制桩

图 2-40 延长线法定施工控制桩

如图 2-41a 所示，填方路基称为路堤；如图 2-41b 所示，挖方路基称为路堑。路堤边桩至中桩的距离 D 为：

$$D = \frac{B}{2} + mH$$

路堑边桩至中桩的距离 D 为：

$$D = \frac{B}{2} + S + mH$$

式中　B——路基设计宽度；

　　　m——路基边坡坡度；

　　　H——填土高度或挖土高度；

　　　S——路堑边沟顶宽度。

根据算得的距离从中桩沿横断面方向量距，打上木桩即得路基边桩。若断面位于弯道上有加宽或有超高时，按上述方法求出 D 值后，还应在加宽一侧的 D 值上加上加宽值。

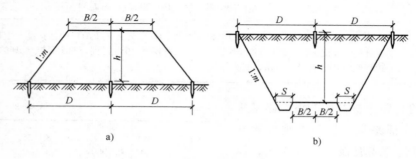

图 2-41　平坦地段路基边桩测设

a）路堤　b）路堑

② 倾斜地段边桩测设。

如图 2-42 所示，路基坡脚桩至中桩的距离 D_1、D_2 分别为：

$$\begin{cases} D_1 = \dfrac{B}{2} + S + m(H - h_1) \\ D_2 = \dfrac{B}{2} + S + m(H + h_2) \end{cases}$$

如图 2-43 所示，路堑坡顶至中桩的距离 D_1、D_2 分别为：

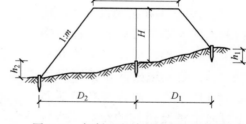

图 2-42　倾斜地段填方路基边桩测设

$$\begin{cases} D_1 = \dfrac{B}{2} + S + m(H + h_1) \\ D_2 = \dfrac{B}{2} + S + m(H - h_2) \end{cases}$$

式中 h_1、h_2 分别为上、下侧坡脚（或坡顶）至中桩的高差。其中 B、S 和 m 为已知，故 D_1、D_2 随着 h_1、h_2 的变化而变化。由于边桩未定，所以 h_1、h_2 均为未知数，实际工作中可采用"逐次趋近法"。

（4）路基边坡的测设。

1）竹竿、绳索测设边坡。

① 一次挂线。当填土不高时，可按图 2-44a 的方法一次把线挂好。

② 分层挂线。当路堤填土较高时，采用此法较好。在每层挂线前应当标定中线，并抄平。如图 2-44b 所示，O 为中桩，A、B 为边桩。先在 C、D 处定杆、带线。C、D 线为水平，$DO_1C = CO_1D$，根据 CD 线的高程和 O 点位置，计算 O_1C

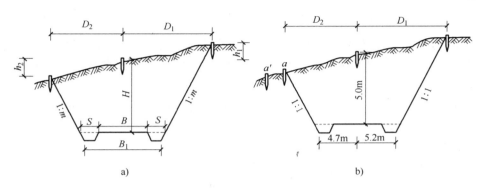

图 2-43 倾斜地段挖方路基边桩测设

a）倾斜地段挖方路基测设 b）实例图

与 O_1D 距离，使满足填土宽度和坡度要求。

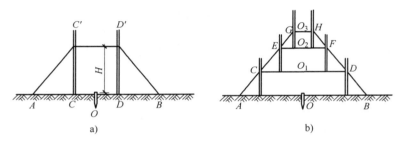

图 2-44 路基边坡测设

a）一次挂线放边坡 b）多次挂线放边坡

2）用边坡尺测设。

① 活动边坡尺测设边坡。如图 2-45a 所示，三角板为直角架，一角与设计坡度相同，当水准气泡居中时，边坡尺的斜边所示的坡度正好等于设计边坡的坡度，可依此来指示与检核路堤的填筑，或检查路堑的开挖。

② 用固定边坡样板测设边坡。如图 2-45b 所示，在开挖路堑时，在顶外侧按设计坡度设定固定样板，施工时可随时指示并检核开挖和修整情况。

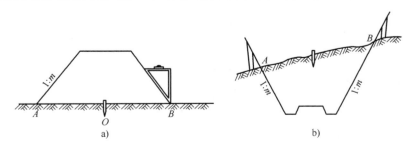

图 2-45 边坡尺测设边坡

a）活动边坡尺 b）固定边坡样板

（5）竖曲线的测设。

1）方法。在线路纵坡变更处，考虑视距要求和行车的平稳，在竖直面内用圆曲线连接起来，这种曲线称为竖曲线。如图 2-46 所示，竖曲线有凹形和凸形两种。

竖曲线设计时，根据路线纵断面设计中所设计的竖曲线半径 R 和相邻坡道的坡度 i_1、i_2，计算测设数据。

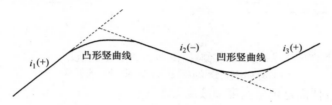

图 2-46　竖曲线

2）计算公式。如图 2-47 所示，竖曲线元素的计算可以用平曲线的计算公式：

$$T = R\tan\frac{\alpha}{2}$$

$$L = R\frac{\alpha}{\rho''}$$

$$E = R\left[\frac{1}{\cos(a/2)} - 1\right]$$

但是竖曲线的坡度转角 α 很小，计算公式可以做一些简化。由于：

$$\alpha \approx (i_1 - i_2)\rho'', \quad \tan\frac{\alpha}{2} \approx \frac{\alpha}{2\rho''}$$

因此：

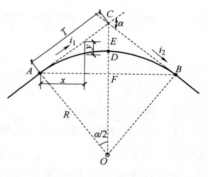

图 2-47　竖曲线测设元素

$$T = \frac{1}{2}R(i_1 - i_2)$$

$$L = R(i_1 - i_2)$$

对于 E 值也可以按下面推导的近似公式计算。由于 $DF \approx CD = E$，$\triangle AOF \backsim \triangle CAF$，所以 $R:AF = AC:CF = AC:2E$，因此：

$$E = \frac{AC \cdot AF}{2R}$$

又因为 $AF \approx AC = T$，得到：

$$E = \frac{T^2}{2R}$$

同理可推导出竖曲线中间各点按直角坐标法测设的纵距（即标高改正值）计算式：

$$y_i = \frac{x_i^2}{2R}$$

上式中 y_i 值在凹形竖曲线中为正号，在凸形竖曲线中为负号。

2. 路基施工

路基施工的方法步骤，见表2-14。

表2-14　路基施工的方法步骤

方法步骤	内　　容
测量放样	（1）造型复测和固定 1）复测并固定造型及各观点主要控制点，恢复失落的控制桩 2）复测并固定为间接测量所布设的控制点，如三角点、导线点等桩 3）当路线的主要控制点在施工中有被挖掉或埋掉的可能时，则视当地地形条件和地物情况采用有效的方法进行固定 （2）路线高程复测 控制桩测好后，立即进行路线各点均匀进行水平测量，以复测原水准基点标高和控制点地面标高 （3）路基放样 1）根据设计图表定出各路线中桩的路基边缘、路堤坡脚及路堑坡顶、边沟等具体位置，定出路基轮廓。根据分幅施工的宽度，作好分幅标记，并测出地面标高 2）路基放样时，在填土没有进行压实前，考虑预加沉落度，同时考虑修筑路面的路基标高校正值 3）路基边桩位置可根据横断面图量得，并根据填挖高度及边坡坡度实地测量校核 4）为标出边坡位置，在放完边桩后进行边坡放样。采用麻绳竹竿挂线法结合坡度样板法，并在放样中考虑预压加沉落度 5）机械施工中，设置牢固而明显的填挖土石方标志，施工中随时检查，发现被碰倒或丢失立即补上
挖方	根据测放出的高程，使用挖土机械挖除路基面以上的土方，一部分土方经检验合格用于填方，余土运到有关单位指定的弃土场
填筑	填筑材料利用路基开挖出的可作填方的土、石等适用材料。作为填筑的材料，应先做试验，并将试验报告及其施工方案提交监理工程师批准。其中路基采用水平分层填筑，最大层厚不超过30cm，水平方向逐层向上填筑，并形成2%～40%的横坡以便于排水
碾压	采用振动压路机碾压，碾压时横向接头的轮迹，重叠宽度为40～50cm，前后相邻两区段纵向重叠1～1.5m；碾压时做到无漏压、无死角并保证碾压均匀。碾压时，先压边缘，后压中间，先轻压，后重压。填土层在压实前应先整平，并应作2%～4%的横坡。当路堤铺筑到结构物附近的地方，或铺筑到无法采用压路机压实的地方，使用人工夯锤予以夯实

3. 垫层施工

垫层是承重和传递荷载的构造层。垫层施工包括底层平整及原材料处理、洒水拌和、分层铺设、找平压实、养护、砂浆调制运输等过程。灰土垫层、砂垫层、天然级配砂垫层的施工要点，见表2-15。

表2-15　灰土垫层、砂垫层、天然级配砂垫层的施工要点

垫层类型	要　　求	施工要点
灰土垫层	用消石灰和黏土（或粉质黏土、粉土）的拌和料铺设而成，应铺在不受地下水浸湿的基土上，其厚度一般不小于100mm。材料要求：消石灰应采用生石灰块，使用前3~4d予以消解，并加以过筛，其粒径不得大于5mm，不得夹有未熟化的生石灰块，也不得含有过多水分；土料直接采用就地挖出的土，不得含有有机杂质，使用前应过筛，其粒径不得大于15mm；灰土的配合比（体积比）一般为2:8或3:7	灰土拌和料应保证比例准确、拌和均匀、颜色一致，拌好后及时铺设夯实；灰土拌和料应适当控制含水量；灰土拌和料应分层铺平夯实，每层虚铺厚度一般为150~250mm，夯实到100~150mm；人工夯实可采用石夯或木夯，夯重40~80kg，路高400~500mm，一夯压半夯；每层灰土的夯打遍数应根据设计要求的干密度在现场试验确定；上下两层灰土的接缝距离不得小于500mm，在施工间歇后和继续铺设前，接缝处应清扫干净，并应重叠夯实；夯实后的表面应平整，经适当晾干后，才能进行下道工序的施工；灰土的质量检查宜用环刀（环刀体积不小于200cm³）取样，测定其干密度
砂垫层	砂垫层的厚度不小于60mm。材料要求：砂中不得含有草根等有机杂质，冻结的砂不得使用	用表面振捣器捣实时，每层虚铺厚度为200~500mm，最佳含水量为15%~20%，要使振捣器往复振捣；用内部振捣器捣实时，每层虚铺厚度为振捣器的插入深度，最佳含水量为饱和，振捣时不应插到基土上，振捣完毕后，所留孔洞要用砂填塞；用木夯或机械夯实时，每层虚铺厚度为150~200mm，最佳含水量为8%~12%，一夯压半夯全面压实；用压路机碾压时，每层虚铺厚度为250~300mm，最佳含水量为8%~12%，要往复碾压；砂垫层的质量检查可用容积不小于200cm³的环刀取样，测定其密度，以不小于该砂料在中密状态下的干密度数值为合格，中砂在中密状态的干密度一般为1.55~1.60g/cm³
天然级配砂石垫层	天然级配砂石垫层是用天然砂石铺设而成，其厚度不小于100mm。材料要求：砂和石子不得含有草根等有机杂质，冻结的砂和冻结的石子均不得使用；石子的最大粒径不得大于垫层厚度的2/3	用表面振捣器捣实时，每层虚铺厚度为200~250mm，最佳含水量为15%~20%，要使振捣器往复振捣；用内部振捣器捣实时，每层的虚铺厚度为振捣器的插入深度，最佳含水量为饱和，插入间距应按振捣器的振幅大小决定，振捣时不应插至基土上，振捣完毕后，所留孔洞要用砂填；用木夯或机械夯实时，每层虚铺厚度为150~200mm，最佳含水量为8%~12%，要一夯压半夯全面压实；用压路机碾压时，每层的虚铺厚度为250~350mm，最佳含水量为8%~12%，要往复碾压；砂石垫层的质量检查可在垫层中设置纯砂检查点，在同样施工条件下，按砂垫层质量检查方法及要求检查

（续）

垫层类型	要 求	施工要点
素混凝土垫层	水泥可采用硅酸盐水泥、普通硅酸盐水泥、炉渣硅酸盐水泥、火山灰质硅酸盐水泥和粉煤灰硅酸盐水泥；砂、石的质量应符合《普通混凝土用砂、石质量及检验方法标准》（JGJ 52—2006），石的粒径不得大于垫层厚度的1/4；水宜用饮用水	混凝土的配合比应通过计算和试配决定，混凝土浇筑时的坍落度宜为1~3cm；混凝土应拌和均匀；浇筑混凝土前，应消除淤泥和杂物，如基土为干燥的非黏性土，应用水湿润；捣实混凝土宜采用表面振捣器，表面振捣器的移动间距应能保证振捣器的平板覆盖已振实部分的边缘，每一振处应使混凝土表面呈现浮浆和不再沉落；垫层边长超过3m的应分仓进行浇筑，其宽度一般为3~4m。分格缝应结合变形缝的位置，按不同材料的地面连接处和设备基础的位置等划分；混凝土浇筑完毕后，应在12h以内用草帘加以覆盖和浇水，浇水次数应能保持混凝土具有足够的润湿状态，浇水养护日期不少于7d；混凝土强度达到1.2MPa后，才能在其上做面层

4. 基层铺筑

（1）干结碎石基层。

1）准备工作。清理路槽内的浮土、杂物，对于出现的个别坑槽等应予以修理；补钉沿线边桩、中桩，以便随时检查标高、宽度、路拱；在备料中，应注意材料的质量，大、小料应分别整齐堆放在路外料场或路肩上。

2）施工程序。

① 摊铺碎石。摊铺虚厚度为压实厚度的1.1倍左右。使用平地机摊铺，根据虚厚度不同，每30~50m做一个1~2m的标准断面宽，洒上石灰粉，汽车即可按每车铺料的面积进行卸料。用平地机将料摊开，用平地机刮平，按碎石虚厚和路拱横坡确定刀片角度。若为7m宽的路面，则一边刮一刀即可。不平处可通过人工整修找平。若为人工摊铺，可用几块与虚厚度相等的方木砖块放在路槽内，以标定的摊铺厚度，木块或砖块可随铺随挪动。摊铺碎石一次上齐。使用铁叉上料，要求大小颗粒均匀分布。纵横断面符合要求，厚度一致。料底尘土要清理出去。

② 稳压。先用10~12t压路机碾压，碾速宜慢，为25~30m/min，后轮重叠宽1/2，先沿整修过的路肩一齐碾压，往返压两遍，即开始自路面边缘压至中心。碾压一遍后，用路拱板及小线绳检验路拱及平整度。局部不平处，要去高垫低。去高是将多余的碎石均匀拣出，不得用铁锹集中挖除；垫低是将低洼部分挖松，均匀地铺撒碎石，至符合标高后，洒少量水，再继续碾压，至碎石初步稳定无明显移位为止。这个阶段一般需压3~4遍。

③ 撒填充料。将粗砂或灰土（石灰剂量的8%~12%）均匀撒在碎石层上。用扫帚扫入碎石缝内，用洒水车或喷壶均匀洒一次水。水流冲出的空隙再以砂或灰土补充，至不再有空隙并露出碎石尖为止。

④ 压实。用 10 ~ 12t 压路机继续碾压，碾速稍快，60 ~ 70m/min，一般碾4 ~ 6遍（视碎石软硬而定），切忌碾压过多，以免石料过碎。

⑤ 铺撒嵌缝料。大块碎石压实后，立即用 10 ~ 21t 压路机进行碾压，一般碾压 2 ~ 3 遍，碾压至表面平整、稳定且无明显轮迹为止。

⑥ 碾压。扫匀嵌缝料后，立即用 10 ~ 21t 压路机进行碾压，一般碾压 2 ~ 3遍，碾压至表面平整稳定且无明显轮迹为止。

（2）天然级配砂石。

1）准备工作。检查和整修运输砂砾的道路。对于沿线已遗失或松动的测量桩橛要进行补钉；要检查砂料的质量和数量。用平地机摊铺时，粒料可在料场选好后，用汽车或其他运输工具随用随运，也可预先备在路边上。若为人工摊铺，可按条形堆放在路肩上。

2）施工程序。

① 摊铺砂石。铺砂石前，最好根据材料的干湿情况，在料堆上适当洒水，以减少摊铺粗细料分离的现象。虚铺厚度随颗粒级配、干湿不同情况，一般为压实厚度的 1.2 ~ 1.4 倍。

② 平地机摊铺。每 30 ~ 50m 作一标准断面，宽 1 ~ 2m，洒上石灰粉，以便平地机司机准确下铲。汽车或其他运输工具把砂石料运来后，根据虚铺厚度和路面宽度按每个料应铺面积进行卸料，用平地机摊铺和找平。平地机一般先从中间开始下正铲，两边根据路拱大小下斜铲。由铲刀刮起的成堆石子，小的可以扬开，大的用人工挖坑深埋，刮 3 ~ 5 遍即可。

③ 人工摊铺。人工摊铺时，每 15 ~ 30m 作一标准断面或用几块与虚铺厚度相等的木块、砖块控制摊铺厚度，随铺随挪动。要求均匀摊铺砂砾。如发现粗细颗粒分别集中，应掺入适当的砂或砾石。

④ 洒水。摊铺完一段（200 ~ 300m）后用洒水车洒水（无洒水车时，用喷壶代替），洒水量应使砂石料全部湿润又不致路槽发软为度。用水量一般在5% ~8%。冬季为防止冰冻，可少洒水或洒盐水（水中掺入 5% ~ 10% 的氯盐，根据施工气温确定掺量）。

⑤ 碾压。洒水后待表面稍干后，即可用 10 ~ 12t 压路机进行碾压。碾速为60 ~ 70m/min，后轮重叠 1/2，碾压方法与石块碎石相同。碾压 1 ~ 3 遍初步稳定后，用路拱板及小线检查路拱及平整度，及时去高垫低。一般以"宁低勿高"为原则。找补坑槽要求一次打齐，不要反复多次进行。如发现个别砂窝或石子成堆，应将其挖出，重新调整级配后再铺。为防松散推移碾压过程中应注意随时洒水，保持砂石湿润。一般碾压 8 ~ 10 遍，压至密实稳定、无明显轮迹为止。

⑥ 养护。碾压完后，可立即开放交通，但为避免松散，要限制车速，控制

行车，全幅均匀碾压，并派专人洒水养护，使基层表面经常处于湿润状态。

5. 结合层铺筑

在完成的路面基层上，重新定点、放线，每 10m 为一施工段，根据设计标高、路面宽度定边桩、中桩，打好边线、中线。设置整体现浇路面边线处的施工挡板，确定砌块列数及拼装方式，将面层材料运入施工现场。一般用 M7.5 水泥、白灰、混合砂浆或 1:3 白灰砂浆。砂浆摊铺宽度应大于铺装面 5 ~ 10cm，已拌好的砂浆应当日用完，也可用 3 ~ 5cm 的粗砂均匀摊铺而成。特殊的石材铺地，如整齐石块和条石块，结合层采用 M10 水泥砂浆。

6. 面层铺筑

在完成的路面基层上，重新定点、放线，每 10m 为一施工段，根据设计标高、路面宽度、定边桩、中桩，打好边线、中线。设置整体现浇路面边线处的施工挡板，确定砌块路面列数及拼装方式，将面层材料运入施工现场。

（1）水泥面层的装饰施工。水泥路面的装饰施工方法有很多种，要按照设计的路面铺装方式来选用合适的施工方法。常见的施工方法及其施工技术要领主要有以下几种。

1）普通抹灰与纹样处理。

① 滚花。用钢丝网做成的滚桶，或者用模纹橡胶裹在 300mm 直径铁管外做成滚桶，在经过抹面处理的混凝土面板上滚压出各种细密纹理，滚桶长度在 1m 以上比较好。

② 压纹。利用一块边缘有许多整齐凸点或凹槽的木板或木条，在混凝土抹面层上挨着压下，一面压一面移动，就可以将路面压出纹样，起到装饰作用。用这种方法时要求抹面层的水泥砂浆含砂量较高，水泥与砂的配合比可为 1:3。

③ 锯纹。在新浇的混凝土表面，用一根直木条如同锯割一般来回动作，一面锯一面前移，就能够在路面锯出平行的直纹，有利于路面防滑，又有一定的路面装饰作用。

④ 刷纹。最好使用弹性钢丝做成刷纹工具。刷子宽 450mm，刷毛钢丝长 100mm 左右，木把长 1.2 ~ 1.5m。用这种钢丝在未硬化的混凝土面层上可以刷出直纹、波浪纹或其他形状的纹理。

2）露集料饰面。采用这种饰面方式的混凝土路面和混凝土铺砌板，其混凝土应该用粒径较小的卵石配制。混凝土露集料主要是采用刷洗的方法，在混凝土浇好后 2 ~ 6h 内就应进行处理，最迟不超过浇好后的 16 ~ 18h。刷洗工具一般用硬毛刷子和钢丝刷子。刷洗应当从混凝土板块的周边开始，要同时用充足的水把刷掉的泥砂洗去，把每一粒暴露出来的集料表面都洗干净。刷洗后 3 ~ 7d 内，再用 10% 的盐酸水洗一遍，使暴露的石子表面色泽更明净，最后还要用清水把残留盐酸完全冲洗掉。

3）彩色水泥抹面装饰材料。水泥路面的抹面层所用水泥砂浆，可通过添加颜料而调制成彩色水泥砂浆，用这种材料可做出彩色水泥路面。彩色水泥调制中使用的颜料需选用耐光、耐碱、不溶于水的无机矿物颜料，如红色的氧化铁红、黄色的柠檬铬黄、绿色的氧化铬绿、蓝色的钴蓝和黑色的炭黑等。

4）彩色水磨石地面材料。用彩色水泥石子浆罩面，再经过磨光处理而成的装饰性路面。按照设计，在平整后、粗糙、已基本硬化的混凝土路面面层上，弹线分格，用玻璃条、铝合金条（或铜条）作为分格条。在路面上刷上一道素水泥浆，以1:1.25~1:1.50彩色水泥细石子浆铺面，厚为0.8~1.5cm。铺好后拍平，表面滚筒压实，待出浆后再用抹子抹面。

（2）混凝土面层施工。

1）核实准备工作。核实、检验和确认路面中心线、边线及各设计标高点的正确无误。

2）钢筋网的绑扎。若是钢筋混凝土面层，则按设计选定钢筋并编扎成网。钢筋网应在基层表面以上架离，架离高度应距混凝土面层顶面50mm。钢筋网接近顶面设置要比在底部加筋更能保证防止表面开裂，也更便于充分捣实混凝土。

3）材料的配制、浇注和捣实。按设计的材料比例配制、浇注、捣实混凝土，并用长1m以上的直尺将顶面刮平。顶面稍干一点，用抹灰砂板抹平至设计标高。施工中要注意做出路面的横坡与纵坡。

4）养护管理。混凝土面层施工完成后应即时开始养护。养护期应为7d以上，冬期施工后的养护期还应更长些。可用湿的织物、稻草、锯木粉、湿砂及塑料薄膜等覆盖在路面上进行养护。冬季寒冷，养护期中要经常用热水浇洒，要对路面保温。

5）路面装饰。路面要进一步进行装饰的，可按下述的水泥路面装饰方法继续施工。不再做路面装饰的，则待混凝土面层基本硬化后用锯割机每隔7~9m锯缝一道，作为路面的伸缩缝（伸缩缝也可在浇注混凝土之前预留）。

（3）块料类面层施工。

1）湿铺筑法。用厚度为15~25mm的湿性结合材料，如1:2.5或1:3的水泥砂浆、1:3石灰砂浆、M2.5混合砂浆或1:2灰泥浆等黏结，在面层之下作为结合层，在其上砌筑片状或块状贴面层。砌块之间的结合以及表面抹缝也用这些结合材料。用花岗石、釉面砖、陶瓷广场砖、碎拼石片、陶瓷锦砖等材料铺地时，一般采用湿法铺砌。

2）干法铺筑。以干粉砂状材料作为路面面层砌块的垫层和结合层，如用干砂、细砂土、1:3水泥干砂、3:7细灰土等作为结合层。砌筑时，先将粉砂材料在路面基层上平铺一层，其厚度为：干砂、细土 30～50mm，水泥砂、石灰砂、灰土 25～35mm。铺好后找平，按照设计的砌块拼装图案，在垫层上拼砌成路面面层。路面每拼装好一小段，就用平直木板垫在顶面，以铁锤在多处震击，使所有砌块的顶面都保持在一个平面上，这样可将路面铺装得十分平整。路面铺好后，再用干燥的细砂、水泥粉、细石灰粉等撒在路面并扫入砌块缝隙中，使缝隙填满，将多余的灰砂清扫干净。而后，砌块下面的垫层材料会慢慢硬化，使面层砌块和下面的基层紧密地结合成一体。适宜采用这种干法砌筑的路面材料主要有石板、整形石块、预制混凝土方砖和砌块等。

（4）碎石面层施工。

1）准备工作。施工前，要根据设计的图样，准备镶嵌地面用的砖石材料。设计有精细图形的，先要在细密质地的青砖上放好大样，再细心雕刻，做好雕刻花砖，施工时嵌入铺地图案中。为方便铺地拼花时使用，要精心挑选铺地用的石子，挑选出的石子应按照不同颜色、大小和形状分类堆放。

2）施工过程。

① 在已做好的道路基层上铺垫一层结合材料，厚度一般为 40～70mm。垫层结合材料主要用 1:3 石灰砂、3:7 细砂土、1:3 水泥砂等，用干法砌筑或湿法砌筑都可以，但干法施工更方便。

② 在铺平的松软垫层上，按照预定的图样开始镶嵌拼花。一般用立砖、小青瓦瓦片拉出线条、纹样和图形图案，再用各色卵石、砾石镶嵌做出花形，或者拼成不同颜色的色块，以填充图形大面。经过进一步修饰和完善图案纹样，并尽量整平铺地后，就可以定形。定形后的铺地地面，仍要用水泥干砂、石灰干砂撒布其上，并扫入砖石缝隙中填实。

③ 除去多余的水泥石灰干砂，清扫干净；用细孔喷壶对地面喷洒清水，稍使地面湿润即可，不能使大量水冲击或路面有水流淌。完成后，养护 7～10d。

3）铺卵石路。一般分预制和现浇两种。现场浇筑方法是：先垫 M7.5 号水泥砂浆 3cm 厚，再铺水泥素浆 2cm 厚。待素浆稍凝，即用备好的卵石，一个个插入素浆内，用抹子压实，卵石要扁、圆、长、尖，大小搭配。根据设计要求，将各色石子插出各种花卉、鸟兽图案，用清水将石子表面的水泥刷洗干净，第二天可再以水重的 30% 掺入草酸液体，洗刷表面，使石子颜色鲜明。

（5）嵌草面层施工。无论用预制混凝土铺路板、空心砌块、实心砌块，还是用顶面平整的乱石、整形石块或石板，都可以铺装成砌块嵌草路面。嵌草铺地做法，如图 2-48 所示。

施工过程：

1）在整平压实的路基上铺垫一层栽培壤土作垫层，壤土要求比较肥沃，不

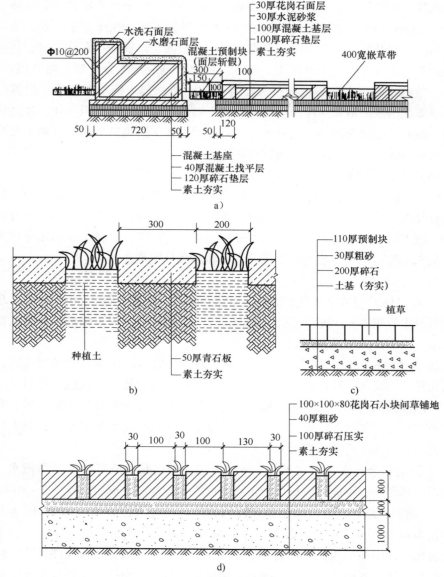

图 2-48 嵌草铺地做法

含粗颗粒物，铺垫厚度为 100～150mm。

2）在垫层上铺砌混凝土空心砌块或实心砌块，砌块缝中半填壤土，并播种草籽。

① 实心砌块的尺寸较大，草皮嵌种在砌块之间预留的缝中。草缝设计宽度可在 20～50mm，缝中填土达砌块高的 2/3。砌块下面用壤土作垫层并起找平作用，砌块要铺装得尽可能平整。实心砌块嵌草路面上，草皮形成的纹理是线网状的。

② 空心砌块的尺寸较小，草皮嵌种在砌块中心预留的孔中。砌块与砌块之间不留草缝，常用水泥砂浆黏结。砌块中心孔填土宜为砌块高的 2/3；砌块下面仍用壤土作垫层找平，使嵌草路面保持平整。空心砌块嵌草路面上，草皮呈点状而有规律地排列。注意空心砌块的设计制作，一定要确保砌块的结实坚固和不易损坏，因此预留孔径不能太大，孔径最好不超过砌块直径的 1/3 长。

采用砌块嵌草铺装的路面，砌块和嵌草层是道路的结构面层，下面只能有一个壤土垫层，在结构上没有基层，只有这样的路面结构才能有利于草皮的存活与生长。

（6）沥青面层施工。沥青面层的施工过程，见表2-16。

表 2-16　沥青面层的施工过程

项　目	内　容
下封层施工	认真按验收规范对基层严格验收，如果有不合要求地段要求进行处理，认真对基层进行清扫，并用森林灭火器吹干净。在摊铺前对全体施工技术人员进行技术交底，明确职责，责任到人，使每个施工人员都对自己的工作心中有数。采用汽车式洒布机进行下封层施工
沥青混合料的拌和	沥青混合料由间隙式拌和机拌制，集料加热温度控制在 175～190℃，后经热料提升斗运至振动筛，经 33.5mm、19mm、13.2mm、5mm 四种不同规格筛网筛分后储到五个热矿仓中去。沥青采用导热油加热至 160～170℃，五种热料及矿粉和沥青用料经生产配合比设计确定，最后吹入矿粉进行拌和，直到沥青混合料均匀一致，所有矿料颗粒全部裹覆沥青，结合料无花料、无结团或块或严重粗细料离析现象为止。沥青混凝土的拌和时间由试拌确定，出厂的沥青混合料温度严格控制在 155～170℃
热拌沥青混合料运输	汽车从拌和楼向运料车上放料时，每卸一斗混合料挪动一下汽车的位置，以减少粗细集料的离析现象。混合料运输车的运量较拌和或摊铺速度有所富余，施工过程中应在摊铺机前方30cm处停车，不能撞击摊铺机。卸料过程中应挂空挡，靠摊铺机的推进前进。沥青混合料的运输必须快捷、安全，使沥青混合料到达摊铺现场的温度在 145～165℃，并对沥青混合料的拌和质量进行检查，当来料温度不符合要求或料仓结团，遭雨淋湿不得铺筑在道路上
沥青混合料的摊铺	1）用摊铺机进行两幅摊铺，上下两层错缝 0.5m，摊铺速度控制在 2～4m/min。沥青下面层摊铺采用拉钢丝绳控制标高及平整度，上面层摊铺采用平衡梁装置，以确保摊铺厚度及平整度。摊铺速度按设置速度均衡行驶，不得随意变换速度及停机，松铺系数根据试验段确定。正常摊铺温度应在 140～160℃。另在上面层摊铺时，纵横向接缝口钉立4cm厚木条，确保接缝口顺直 2）摊铺过程中对于道路上的窨井，在底层料进行摊铺前用钢板进行覆盖，以防止在摊铺过程中遇到窨井而抬升摊铺机，确保平整度。在摊铺细料前，把窨井抬至实际摊铺高程。窨井的抬法应根据底层料摊铺情况及细料摊铺厚度结合摊铺机摊铺时的路况来调升，以确保窨井与路面的平整度，不致出现跳车现象。对于细料摊铺过后积聚在窨井上的粉料应用小铲子铲除，清扫干净 3）对于路头的摊铺尽可能避免人工作业，而采用 LT6E 小型摊铺机摊铺，确保平整度及混合料的均匀度 4）摊铺时对于平石边应略离于平石3mm，至少保平，对于搭接在平石上的混合料用铲子铲除，推耙铲齐，保持一条直线

（续）

项　目	内　　容
沥青混合料的碾压	沥青混合料的压实按初压、复压和终压（包括成形）三个阶段进行。压路机以慢而均匀的速度碾压 　　沥青混合料的初压需符合要求：混合料摊铺后较高温度下进行，并不得产生推移、发裂，压实温度根据沥青稠度、压路机类型、气温铺筑层厚度、混合料类型经试铺试压确定；从外侧向中心碾压相邻碾压带应重叠1/3～1/2轮宽，最后碾压路中心部分，压完全幅为一遍，当边缘有挡板、道牙、路肩等支挡时，应紧靠支挡碾压，当边缘无支挡时，可用耙子将边缘的混合料稍稍耙高，将压路机的外侧轮伸出边缘10cm以上碾压；压时将驱动轮面向摊铺机，碾压路线及碾压方向不能突然改变，以免导致混合料产生推移，压路机起动、停止必须减速缓慢进行 　　复压紧接在初压后进行，复压采用轮胎式压路机，碾压遍数应经试压确定，不少于4～6遍，以达到要求的压实度，并无显著轮迹 　　终压紧接在复压后进行。终压选用双轮钢筒式压路机碾压，不宜少于2遍，并无轮迹。采用钢筒式压路机时，相邻碾压带应重叠后轮1/2宽度
接缝、修边	1）摊铺时采使用梯队作业的纵缝采用热接缝。施工时，将已铺混合料部分留下10～20cm宽暂不碾压，作为后摊铺部分的高程基准面，最后作跨缝碾压以消除缝迹 　　2）半幅施工不能采用热接缝时，设挡板或采用切刀切齐。铺另半幅前必须将缝边缘清扫干净，并涂洒少量粘层沥青。摊铺时，应重叠在已铺层上5～10cm，摊铺后，用人工将摊铺在前半幅上面的混合料铲走。碾压时，先在已压实路面上行走，碾压新铺层10～15cm，然后压实新铺部分，再超过已压实路面的10～15cm，充分将接缝压实紧密。上下层的纵缝错开0.5m，表层的纵缝应顺直，且留在车道的画线位置上 　　3）相邻两幅及上下层的横向接缝均错位5m以上。上下层的横向接缝可采用斜接缝；上面层应采用垂直的平接缝。铺筑接缝时，可在已压实部分上面铺设热混合料使之预热软化，以加强新旧混合料的黏结。但必须在开始碾压前将预热用的混合料铲除 　　4）平接缝做到紧密黏结，充分压实，连接平顺。其施工方法：在施工结束时，摊铺机在接近端部约1m处将熨平板稍稍抬起驶离现场，用人工将端部混合料铲除后再予碾压，后用3m直尺检查平整度，趁尚未冷透时垂直刨除端部平整度或层厚不符合要求的部分，使下次施工时成直角连接 　　5）从接缝处继续摊铺混合料前应用3m立尺检查端部平整度，当不符合要求时，予以清除。摊铺时应控制好预留高度，接缝处摊铺层施工结束后再用3m直尺检查平整度，当有不符合要求者，应趁混合料尚未冷却时立即处理 　　6）横向接缝的碾压应先用双轮钢筒式压路机进行横向碾压。碾压带的外侧放置供压路机行驶的垫木，碾压时压路机位于已压实的混合料层上，伸入新铺层的宽度为15cm，然后每压一遍向混合料移动15～20cm，直至全部在新铺层上为止，再改为纵向碾压。当相邻摊铺层已经成形，同时又有纵缝时，可先用钢筒式压路机纵缝碾压一遍，其碾压宽度为15～20cm，再沿横缝作横向碾压，最后进行正常的纵向碾压 　　做完的摊铺层外露边缘应准确到要求的线位。将修边切下的材料及任何其他的废弃沥青混合料从路面上清除

7. 附属工程施工

（1）道牙施工技术。

1）道牙做法。几种道牙的做法，如图2-49所示。

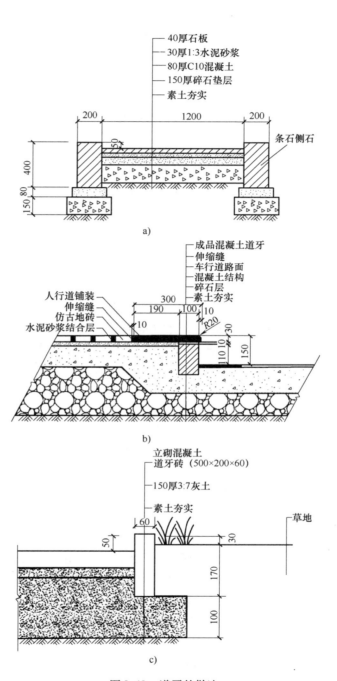

图 2-49　道牙的做法

a）道牙做法详图　b）车行道与人行道交接处道牙做法详图

c）混凝土道牙做法详图

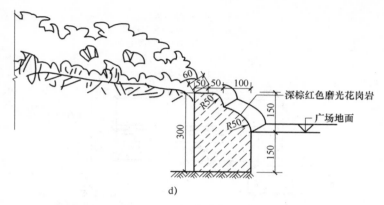

图 2-49　道牙的做法（续）

d) 种植槽道牙做法详图

2）道牙设置施工要点。在公共车道与步行道分界处设置道牙，一般利用混凝土制"步行道车道分界道牙砖"，设置高 15cm 左右的街渠或 L 形边沟。如果在建筑区内，街渠或边沟的高度则为 10cm 左右。区分路面的道牙，要求铺筑高度统一、整齐，道牙一般采用"地界道牙砖"。设在建筑物入口处的道牙可采用与路面材料搭配协调的花砖或石料铺筑。在混凝土路面、石路面、花砖路面等与绿色的交界处可不设道牙。但对沥青路面，为确保施工质量，则应当设置道牙。

3）施工要点。

① 槽沟。槽沟的挖土深度均按自然地坪平均标高（工程开挖前施工场地的原有地坪）减去地槽或槽沟底面平均标高之差计算。

② 灰土基础。灰土基础用消石灰和黏土（或粉质黏土、粉土）的拌和料铺设而成，应铺在不受地下水浸湿的基土上，其厚度一般不小于 100mm。

③ 砂浆调制运输。砂浆调制运输是将按一定配合比拌和好的砂浆运至现场工地上。

④ 砌路牙。路牙铺装在道路边缘，起保护路面作用，有用石材凿打成整形为长条形的，也有按设计用混凝土预制的，也可直接用砖。

⑤ 回填。回填指把挖起来的土重新填回去。

⑥ 勾缝。勾缝指用勾缝器将水泥砂浆填塞于砖墙灰缝之内。

（2）明渠和雨水井施工技术。

1）明渠。明渠一般采用砖、卵石、石板、混凝土砖等材料铺砌而成。土质明沟按设计挖好后，应对沟底及边坡适当夯压。砖（或块石）砌明沟，按设计将沟槽挖好后，充分夯实。通常以 MU7.5 砖（或 80～100mm 厚块石）用 M2.5 水泥砂浆砌筑，砂浆应饱满，表面平整、光洁。

2）雨水井。雨水井是一般道路最为常用的排水方式，排水速度快，对路面影响较小。雨水井排水口通常与道路持平或略低于路面，地基下铺设专用排水管道，顶部覆井盖，起分隔遮挡杂物和安全防护的作用。常见的雨水井可分为渗井和集水井两种，如图 2-50 和图 2-51 所示。

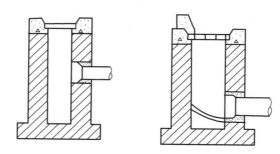

图 2-50　有（无）沉泥池的雨水井

图 2-51　雨水井箅子及塑石井盖

（3）台阶施工技术。各种台阶的结构，如图 2-52 所示。

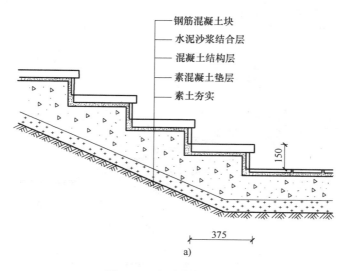

图 2-52　各种台阶结构图

a）钢筋混凝土台阶剖面图

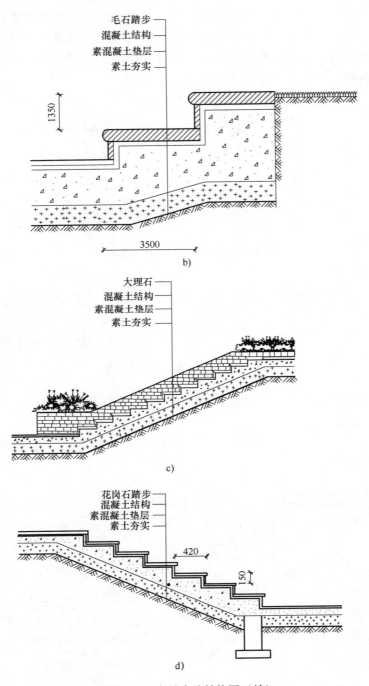

毛石踏步

混凝土结构

素混凝土垫层

素土夯实

1350

3500

b)

大理石

混凝土结构

素混凝土垫层

素土夯实

c)

花岗石踏步

混凝土结构

素混凝土垫层

素土夯实

420

150

d)

图 2-52　各种台阶结构图（续）

b）毛石台阶剖面图　c）大理石台阶剖面图　d）花岗岩台阶剖面图

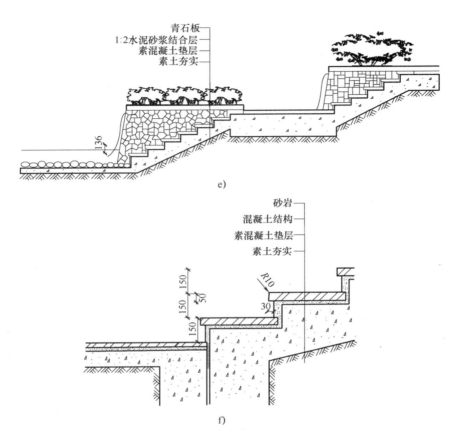

图 2-52　各种台阶结构图（续）

e）青石板台阶剖面图　f）沙岩台阶剖面图

台阶工程内容包括：模板制作、安装、拆装、码垛、混凝土搅拌、运输、浇捣、养护；基础清理、材料运输、砌浆调制运输、砌筑砖石、抹面压实、赶光、剁斧等。具体内容，见表 2-17。

表 2-17　台阶工程

项　目	内　容
模板的制作	模板是新浇筑混凝土成型用的模型。由于水泥、砂石、水及外加剂经过搅拌机拌出的混凝土具有一定流动性，需要浇筑在与构件形状尺寸相同的模型内，经过凝结硬化，才能成为所需要的结构构件。模板就是使钢筋混凝土结构或构件成型的模型 预制木模板注意要求刨光，配制木模板尺寸时，要考虑模板拼装接合的需要，适当加长或缩短一部分长度。拼制木模板，板边要找平、刨直，接缝严密，使其不漏浆。木料上有节疤、缺口等疵病的部位，应放在模板反面或者截去。备用的模板要遮盖保护，以免变形

（续）

项　目	内　容
模板的安、拆装	模板的安装和拆装要求最省工，机械使用最低，混凝土质量最好，收到最好的经济效益。拆模后注意模板的集中堆放，不仅利于管理，而且便于后续的运输工作顺利进行。场外运输在模板工程完工后统一进行，以便于节约运费
浇捣、养护	浇筑捣实，将拌和好的混凝土拌合物放在模具中经人工或机械振捣，使其密实、均匀。养护是指在混凝土浇筑后的初期，在凝结硬化过程中进行湿度和温度控制，以利于混凝土达到设计要求的物理力学性能
基础清理	清理基层上存在的一些有机杂质和粒径较大的物体，以便进行下一道工序
材料运输	将调配好的材料运到施工场地
砌筑砖石	砌筑用砖分实心砖和承重黏土空心砖两种。根据使用材料和制作方法的不同，实心砖又分为烧结普通砖、蒸压灰砂砖、粉煤灰砖和炉渣砖等。实心砖的规格为240mm×115mm×53mm，承重黏土空心砖的规格为190mm×190mm×90mm、240mm×115mm×90mm，240mm×180mm×115mm三种。砌筑用石分为毛石和料石两类。毛石又分为乱毛石和平毛石，乱毛石指形状不规则的石块；平毛石指形状不规则，但有两个平面大致平行的石块。毛石的中部厚度不小于150mm。料石按其加工面的平整程度分为细料石、半细料石、粗料石和毛料石四种
抹面	将水泥浆面层抹平
台阶	混凝土台阶是用现浇混凝土浇筑的踏步形成台阶；砌机砖台阶是用标准机制砖与水泥砂浆砌筑而成的台阶；砌毛石台阶是选用合适的毛石、用水泥砂浆砌筑而成的台阶

（4）阶梯和蹬道施工技术。

1）砖石阶梯踏步。以砖或整形毛石为材料，M2.5混合砂浆砌筑台阶与踏步，砖踏步表面按设计可用1:2水泥砂浆抹面，也可做成水磨石踏面，或者用花岗石、防滑釉面地砖作贴面装饰。根据行人在踏步上行走的规律，一步踏的踏面宽度应设计为28～38cm，适当再加宽一点也可以，但不宜宽过60cm；二步踏的踏面可以宽90～100cm。每一级踏步的宽度尽量一致，每一级踏步的高度也要统一。一级踏步的高度一般情况下应设计为10～16.5cm。低于10cm时行走不安全，高于16.5cm时行走较吃力。儿童活动区的梯级道路，其踏步高应为10～12cm，踏步宽不超过45cm。一般情况下，园林中的台阶梯道都要考虑伤残人轮椅车和自行车推行上坡的需要，要在梯道两侧或中带设置斜坡道。梯道太长时，应当分段插入休息缓冲平台，梯道每一段的梯级数最好控制在25级以下，缓冲平台的宽度应在1.58m以上。在设置踏步的地段上，踏步的数量至少应为2～3级。

2）混凝土踏步道。一般将斜坡上素土夯实，坡面用1:3:6三合土（加碎砖）或3:7灰土（加碎砖石）作垫层并筑实，厚为6～10cm；其上采用C10混凝土现浇做踏步。踏步表面的抹面可按设计进行。每一级踏步的宽度、高度以及休息缓冲平台、轮椅坡道的设置等要求都与砖石阶梯踏步相同，可参照进行设计。

3）山石蹬道。在园林土山或石假山及其他一些地方，为了与自然山水园林相协调，梯级道路不采用砖石材料砌筑成整齐的阶梯，而是采用顶面平整的自然山石，依山随势砌成山石蹬道。山石材料可根据各地资源情况选择，砌筑用的结合材料可用石灰砂浆，也可用1:3水泥砂浆，还可以采用山土垫平塞缝，并用片石刹垫稳当。踏步石踏面的宽窄可在30~50cm之间变动。踏面高度应统一，一般采用12~20cm。设置山石蹬道的地方本身就是供登攀的，因此踏面高度大于砖石阶梯。

4）攀岩天梯梯道。这种梯道是在风景区山地或园林假山上最陡的崖壁处设置的攀登通道。一般是从下至上在崖壁凿出一道道横槽作为梯步，如同天梯一样。梯道旁必须设置铁链或铁管矮栏并固定在崖壁壁面，作为登攀时的扶手。

【高手必懂知识】园路施工常见问题

1. 常见问题

（1）裂缝与凹陷。造成这种破坏的主要原因是基土过于湿软或基层厚度不够，强度不足，在路面荷载超过土基的承载力时造成的。

（2）啃边。由于路肩和路牙直接支撑路面，使之横向保持稳定，故路肩与其基土必须紧密结实，并有一定的坡度。否则，雨水的侵蚀和车辆行驶时会对路面边缘造成啃蚀作用，使之损坏，并从边缘起向中心发展，这种破坏现象叫啃边，如图2-53所示。

（3）翻浆。在季节性冰冻地区，地下水位高，特别是对粉砂性土基，由于毛细管的作用，水分上升到路面下，冬季气温下降，水分在路面下形成冰粒，体积增大，路面就会出现隆起现象，到春季上层冻土融化，而下层尚未融化，这样就使土基变成湿软的橡皮状，路面承载力下降，如果此时车辆通过时，路面就会下陷，邻近部分隆起，并将泥土从裂缝中挤出来，使路面破坏，这种现象叫翻浆，如图2-54所示。

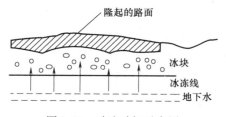

图 2-53 啃边破坏示意图

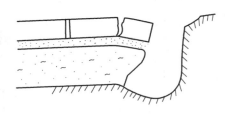

图 2-54 翻浆破坏示意图

2. 不良土质路基的施工

（1）软土路基。将泥炭、软土全部挖除，使路堤筑于基底或尽可能换填渗水性土，也可采用抛石挤淤法、砂垫层法等对地基进行加固。

（2）杂填土路基。可选用片石表面挤实法、重锤夯实法、振动压实法等方法使路基达到相应的密实度。

（3）膨胀土路基。膨胀土是一种易产生吸水膨胀、失水收缩两种变形的高液性黏土。对这种路基应先尽可能避免在雨期施工，挖方路段也先做好路堑堑顶排水，并确保在施工期内不得沿坡面排水；其次要注意压实质量，宜用重型压路机在最佳含水量条件下碾压。

（4）湿陷性黄土路基。这是一种含易溶盐类，遇水易冲蚀、崩解、湿陷的特殊性黏土。施工中关键是做好排水工作，对地表水应采取拦截、分散、防冲、防渗、远接远送的原则，将水引离路基，避免黄土受水浸而湿陷；路堤的边坡要整平拍实；基底采用重机碾压、重锤夯实、石灰桩挤密加固或换填土等，以提高路基的承载力和稳定性。

3. 特殊条件下的园路施工

特殊条件下的园路施工，见表2-18。

表2-18　特殊条件下的园路施工

项　　目	内　　　　容
雨期施工	雨期路槽施工：在路基外侧设排水设施及时排除积水。雨前应选择因雨水易翻浆处或低洼处等不利地段先行施工，雨后要重点检查路拱和边坡的排水情况，路基渗水与路床积水情况，注意及时疏通被阻塞、溢满的排水设施，以免积水倒流。路基由于雨水造成翻浆时，要立即挖出或填石灰土、砂石等，刨挖翻浆要彻底干净，不留隐患。所需处理的地段最好在雨前做到"挖完、填完、压完"
	雨期基层施工：当基层材料为石灰土时，降雨对基层施工影响最大。施工时，应先注意天气预报情况，做到"随拌、随铺、随压"；其次注意保护石灰，以免被水浸成膏状；对于被水浸泡过的石灰土，在找平前应检查含水量，如果含水量过大，应翻拌晾晒达到最佳含水量后方可继续施工
	雨期路面施工：对水泥混凝土路面施工应注意水泥的防雨防潮，已铺筑的混凝土严禁雨淋，施工现场应预备轻便易于挪动的工作台雨棚；被雨淋过的混凝土要及时补救处理；要注意排水设施的畅通。如果是沥青路面，要特别注意天气情况，尽可能缩短施工路段，各工序紧凑衔接，下雨或面层的下层潮湿时均不得摊铺沥青混合料。对未经压实即遭雨淋的沥青混合料必须全部清除，更换新料

（续）

项　目	内　　容
冬期施工	冬期路槽施工：应在冰冻之前进行现场放样，做好标记；将路基范围内的树根、杂草等全部清除。如果有积雪，在修整路槽时先清除地面积雪、冰块，并根据工程需要与设计要求决定是否刨去冰层。严禁用冰土填筑，且最大松铺厚度不得超过30cm，压实度不得低于正常施工时的要求，当天填方的土务必当天碾压完毕
	冬期面层施工：沥青类路面不宜在5℃以下的温度环境下施工，否则要采取以下工程措施：运输沥青混合料的工具须配有严密覆盖设备以保温；卸料后应用苫布等及时覆盖；摊铺时间宜在上午9时至下午4时进行，做到三快两及时（快卸料、快摊铺、快搂平、及时找细、及时碾压）；施工做到定量定时，集中供料，防止接缝过多
	水泥混凝土路面或以水泥砂浆做结合层的块料路面，在冬期施工时应注意提高混凝土（或砂浆）的拌和温度（可用加热水、加热石料等方法），并注意采取路面保温措施，如选用合适的保温材料（常用的有麦秸、稻草、锯末、塑料薄膜、石灰等）覆盖路面。此外应注意减少单位用水量，控制水灰比在0.54以下，混料中加入合适的速凝剂；混凝土搅拌站要搭设工棚，最后可延长养护和拆模时间

第三章

铺装工程

第一节　　　概　　述

【新手必懂知识】铺装的定义

铺装是指在园林环境中运用自然或人工的铺地材料，按照一定的方式铺设于地面形成的地表形式。作为园林景观的一个有机组成部分，园林铺装主要通过对园路、空地、广场等进行不同形式的图案材料色彩组合，贯穿游人游览过程的始终，在营造空间的整体形象上具有极为重要的影响。

铺装的园林道路，在园林环境中不仅具有分割空间和组织路线的作用，而且为人们提供了良好的休息和活动场所，同时还直接创造出了优美的地面景观，给人以美的享受，增强了园林艺术的效果。

【新手必懂知识】铺装的分类

铺装的分类，见表3-1。

表3-1　铺装的分类

类　型	特　点
园景广场	将园林立地景观集中汇集、展示在一处，并突出表现宽广的园林地面景观的一类园林铺装地。园景广场在园林内部留出一片开敞空间，不仅增强了空间的艺术表现力；而且，它可以作为季节性的大型花卉园艺展览或盆景艺术展览等的展出场地。它更可以作为节假日大规模人群集会活动的场所，如园林中常见的纪念广场、音乐广场、中心花园广场、门景广场等
集散场地	多设在主体性建筑前后、主路路口、园林出入口等人流出入频繁的重要地点，以人流集散为主要功能。其表现形式主要为园林出入口广场和建筑附属铺装地等
停车场和回车场	设在公共园林内外的汽车停放场、自行车停放场和扩宽路口形成的回车场地。停车场多设置在园林入口内外，而回车场则设在园林内部适当地点
其他铺装地	附属于公共园林内外的场地，如旅游小商品市场、游泳休闲铺装地露台等

【新手必懂知识】铺装的作用

1. 统一背景

铺装地面有统一协调设计的作用。铺装材料的这一作用，是利用其充当与其他设计要素和空间相关联的公共因素来实现的。即使在设计中其他因素在尺度和特性上有着很大的差异，但在总体布局中因处于一共同的铺装背景中，相互之间便连接成一个整体。在景观中，铺装地面还可以为其他引人注目的景物作中性背景。在这一作用中，铺装地面被看做是一张空白的桌面或一张白纸，为其他焦点物的布局和安置提供基础，作为这些因素的背景。

2. 引导和暗示地面

铺装能提供方向性，引导视线从一个目标移向另一个目标，铺装材料及在不同空间的变化，能在室外空间里表示出不同地面用途和功能。因此，改变铺装材料的色彩、质地或铺装材料本身的组合，空间的用途和活动的区别也由此而得到明确。

3. 提供活动和休憩的场所

游人在园林中的主要活动空间，就是园路和各种铺装地。园林中硬质地面的比例控制，规划时应按照相关因素给予确定。大型的活动场地需要一定面积的铺装地支持。铺装地面以相对较大且无方向性的形式出现，暗示着一个静态停留感，无形中创造出一个休憩场所。

4. 对空间比例产生一定的影响

在外部空间中，铺装地面的另一功能是影响空间的比例，每一块铺装材料的大小，以及铺砌形状的大小和间距都会对铺装地面的视觉比例产生影响。形体较大、较舒展会使空间产生宽敞的尺度感，而较小、紧缩的形状，则使空间具有压缩感和亲密感。

5. 构成空间个性，创造视觉趣味

铺装地面具有构成和增强空间个性的作用。不同的铺装材料和图案造型，都能形成和增强空间个性，产生不同的空间感，就特殊的材料而言，方砖能赋予空间以温暖亲切感，有角度的石板会形成轻松自如、不拘谨的气氛。

【新手必懂知识】各种铺装样式

1. 砖石铺装

（1）传统砖铺砌道路。园林铺地多用青砖，风格朴素淡雅，施工简便，可以拼凑成各种图案，如图3-1所示。砖铺地适于庭院和古建筑物附近。因其耐磨性差，容易吸水，适用于冰冻不严重和排水良好之处；坡度较大和阴湿地段不宜采用，因易生青苔而行走不便。

（2）冰纹路面。冰纹路面是用边缘挺括的石板模仿冰裂纹样铺砌的地面，石板间接缝呈不规则折线，用水泥砂浆勾缝。多为平缝和凹缝，以凹缝为佳。也

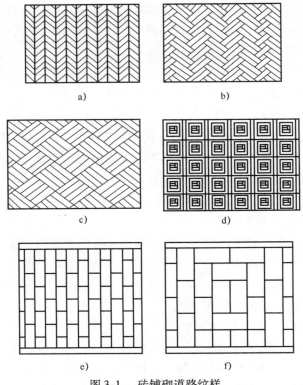

图 3-1　砖铺砌道路纹样

a）人字纹　b）席纹　c）间方纹

d）斗纹　e）联环锦纹　f）包袱底纹

可不勾缝，便于草皮长出成冰裂纹嵌草路面，如图 3-2 所示。还可做成水泥仿冰纹路，即在现浇混凝土路面初凝时，模印冰裂纹图案，表面拉毛，效果也较好。冰纹路适用于池畔、山谷、草地、林中的游步道。

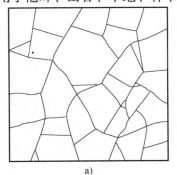
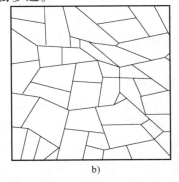

图 3-2 冰纹路面

a）块石冰纹　b）水泥仿冰纹

（3）机制石板路。机制石板路选深紫色、深灰色、灰绿色、褐红色、酱红色等岩石，用机械磨切成为 15cm×15cm、厚为 10cm 以上的石板，表面平坦而粗糙，铺成各种纹样或色块，既耐磨又美丽。

2. 花街铺装

花街铺地是我国古典园林的特色做法。以砖瓦为骨，以石为填心，用规整的砖和不规则的石板、卵石以及碎砖、碎瓦、碎瓷片、碎缸片等废料相结合，组成精美图案。这种铺装形式情趣自然，格调高雅，善用不同色彩和质感的材料创造氛围，或亲近自然，或幽静深邃，或平和安详，能很好地烘托中国古典园林自然山水园的特点。花街铺地图案纹样丰富多样，如图 3-3 所示。

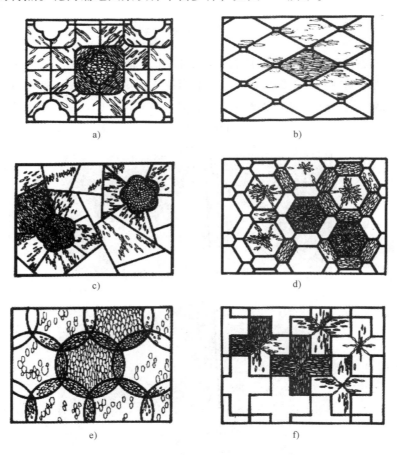

图 3-3　铺地图案

a）四方景灯　b）长八方　c）冰纹梅花　d）攒六方

e）球门　f）万字

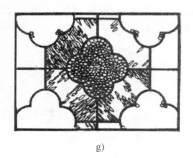

g)

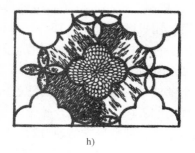

h)

图 3-3　铺地图案（续）

g）十字海棠　h）海棠芝花

3. 碎石铺装

（1）卵石铺地。采用天然块石大小相间铺筑而成的路面，采用水泥砂浆勾缝。卵石路应用在不常走的路上，主要满足游人锻炼身体之用，同时要用大小卵石间隔铺成为宜。这种路面耐磨性好、防滑，具有粗犷、朴素自然之感，可起到增加景区特色深化意境的作用。卵石路面还可铺成各种图案，如图 3-4 所示。

图 3-4　卵石铺地

（2）乱石路。乱石路即用小乱石砌成石榴子形，比较坚实雅致。路的曲折高低，从山上到谷口都宜用这种方法。

（3）砖卵石路。砖卵石路面被誉为"石子画"，是选用精雕的砖、细磨的瓦和经过严格挑选的各色卵石拼凑成的路面，图案内容丰富，有以寓言为题材的图案，有花、鸟、鱼、虫等，如图3-5所示。

图3-5　砖卵石铺装

4. 块料铺装

用大方砖、石板或预制成各种纹样或图案的混凝土板铺砌而成的路面，如木纹混凝土板、拉条混凝土板、假卵石混凝土板等，花样繁多，不胜枚举，如图3-6～图3-14所示，这类路面简朴大方，能减弱路面反光强度，美观舒适。

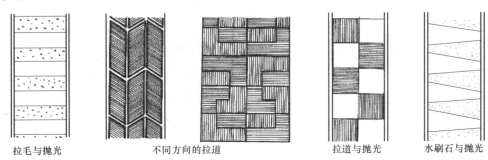

拉毛与抛光　　　　　不同方向的拉道　　　　　拉道与抛光　　　　水刷石与抛光

图3-6　块料路面的光影效果

5. 嵌草铺装

嵌草路面把不等边的石板或混凝土板铺成冰裂纹或其他纹样，铺筑时在块料预留3～5cm的缝隙，填入培养土，用来种草或其他地被植物。常见的有梅花形混凝土板嵌草路面、木纹混凝土板嵌草路面、冰裂纹嵌草路面、花岗石板嵌草路面等，如图 3-15 所示。

图 3-7　卵石与石板拼纹的块料铺装

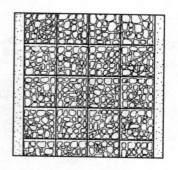

图 3-8　预制仿卵石磨平块料路

图 3-9　预制莲纹铺装

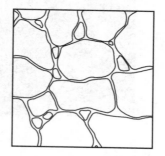

图 3-10　自然石板铺装

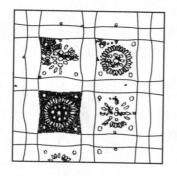

图 3-11　卵石块料拼纹路

图 3-12　卵石与砖拼纹路

6. 整体路面

　　整体路面是用水泥混凝土或沥青混凝土铺筑成的路面，其平整度好，路面耐压、耐磨，养护简单，便于清扫，所以多为大公园的主干道使用，但由于色彩多为灰、黑色，在园林中使用不够理想。近年来在国外有铺筑彩色沥青路和彩色水泥路，最近在天津新建居民区铺筑两条褐色沥青混凝土路，效果较好。

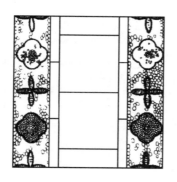

图 3-13 卵石、瓦片、砖石纹路

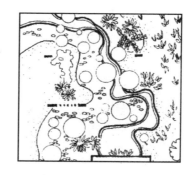

图 3-14 卵石与预制块路

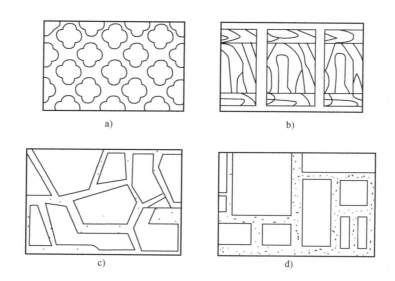

图 3-15 嵌草铺装

a）梅花形混凝土板 b）木纹混凝土板 c）冰裂纹 d）花岗石板

7. 步石、汀石、蹬道

步石是在自然式草地或建筑附近的小块绿地上，用一至数块天然石或预制成圆形、树桩形、木纹板形等铺块，自由组合于草地之中的铺装形式。一般步石的数量不宜过多，块体不宜过小。这种步石易与自然环境协调，取得轻松活泼的效果，如图 3-16 所示。

汀步是在水中设置的步石，如图 3-17 所示，汀步可使游人平水而过，适用于窄而浅的水面，石墩不宜过小，距离不宜过大，数量不宜过多，以保障游人安全。

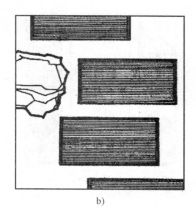

图3-16　步石

a）仿树桩步石　b）条纹步石路

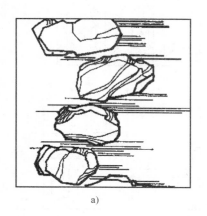

图3-17　汀步

a）块石汀步　b）荷叶汀步

第二节　铺装材料

【新手必懂知识】铺装材料分类

　　材料是景观铺装的基础，材料形成不同、色彩不同、质地不同、纹理不同，各自物理、化学性能、使用性能也不同。材料彼此间性能的差异奠定了材料的多样性，也形成了景观铺装艺术的丰富基础。合理选材，合理使用，合理构造，充分发挥其性能，美观实用，健康环保，则是构筑理想景观铺地的重心。

按形成不同可分为天然材料和人工材料两大类，见表3-2。按化学成分又可分石料、木材和金属等小类，见表3-3。无论是天然材料，还是人工材料，其性质都因材而异，各不相同。正是由于材料各自的特性，构成了景观铺装环境材料的多样性，进而构成了建筑装饰环境艺术空间的多彩性。

表 3-2　建筑材料按形成分类

天然材料	石料	天然青石、天然大理石、天然花岗石等	抗压强度高，耐磨，耐腐，非燃，质感冷，有自然纹理
	木材	松木、杉木、楠木等	抗压强度高，不耐磨，不耐腐，易燃，质感暖，有自然纹理
	金属	金、银、铜、铁等	抗压强度高，不耐磨，不耐腐，难燃，质感冷
人工材料	石材	人造大理石、人造花岗石等	
	木材	人造板材、层板材、刨花板材等	
	金属	不锈钢及合金类等	
	其他	玻璃、陶瓷、玻璃钢等	如玻璃：抗压强度高，耐磨，耐腐，难燃，质感冷，透光，易碎，质脆

表 3-3　建筑材料按化学成分分类

无机材料	金属材料	黑色金属：钢、铁		
		有色金属：铝及铝合金、铜及铜合金等		
	非金属材料	天然石材：毛石、石板材、碎石、卵石、砂等		
		烧结与熔融制品：烧结砖、陶瓷、玻璃，岩棉等		
		胶凝材料	水硬性胶凝材料：各种水泥	
			气硬性胶凝材料：石灰，石膏，水玻璃，菱苦土等	
		混凝土及砂浆		
		硅酸盐制品		
有机材料	植物材料：木材、竹材及其制品			
	合成高分子材料：塑料、橡胶、涂料，胶粘剂、密封材料等			
	沥青材料：石油沥青、煤沥青及其制品			

（续）

复合材料	无机材料基复合材料	钢筋混凝土、纤维混凝土等
	有机材料基复合材料	沥青混凝土、树脂混凝土、玻璃纤维增强塑料
		胶合板、竹胶板、纤维板

【新手必懂知识】常用材料介绍

1. 砖石材料

砖石材料是景观铺地与园桥工程中最重要的材料之一，主要用于面层、基础、墩台等。

（1）天然石材。天然石材是指凡由天然岩石开采，经过加工或未经过加工的石材。其具有较高的抗压强度、耐磨性、抗风化能力及较好的装饰性，资源分布广，便于就地取材，因此在铺地工程中被广泛应用。天然岩石按其形成条件可分为岩浆岩、沉积岩及变质岩三大类，常用的岩浆岩、沉积岩和变质岩实例及特点，见表3-4。

表3-4　天然岩石分类

类　　型	特　　　　点
常用的岩浆岩	花岗岩是岩浆岩中分布最广的一种岩石，具有致密的结晶结构和块状构造。花岗岩的颜色有白色、微黄、淡红，具有吸水率低、抗压强度高、表观密度大、耐磨性能及耐风化性能好等特点。花岗岩在建筑中可用于基础、台阶、勒脚、柱子、踏步、地面等。花岗岩经磨光后，色泽美观，属于高档装饰材料。破碎后可作为混凝土集料。另外还有辉长岩、玄武岩、火山灰岩、浮石和火山凝灰岩等
常用的沉积岩	石灰岩又称为灰石或青石，其颜色随杂质的不同而异，常呈白色、灰色、浅红色等。它主要用于基础、墙体、桥墩、路面，还可以作为混凝土集料及生产水泥、石灰的原料。砂岩是由石英砂粒经天然胶结物胶结而成，根据其胶结物的不同可分为硅质砂岩、钙质砂岩、铁质砂岩及黏土质砂岩等。硅质砂岩坚硬、耐久，可用于基础、墙体、踏步、人行道等，也可作为混凝土集料及装饰材料
常用的变质岩	大理岩又称为大理石，是由石灰岩和白云岩变质而成的岩石。纯大理石为雪白色，因含杂质不同而呈黑、红、黄等不同颜色。大理石质地致密，硬度较低，易于加工和开光，但不耐酸，用于室外时易风化。因此，常用于室内的地面、墙面、柱面、栏杆、踏步等，属于高档装饰材料。石英岩是硅质砂岩变质而成的岩石，结构致密，强度高，硬度大，难加工，耐酸及耐久性好，可用于基础、栏杆、踏步、纪念性建筑物的饰面及耐酸工程等

（2）石材的加工类型。石材的加工类型，见表3-5。

表3-5 石材的加工类型

类　　型	特　　点
毛石	由爆破直接得到的形状不规则的石块。按其平面的平整程度可分为乱毛石和平毛石。乱毛石是形状不规则的毛石；平毛石是乱毛石略经加工而得到的，大致有两个平行面。毛石常用来砌筑基础、勒脚、墙身、挡土墙、堤岸及护坡等
料石（条石）	人工或机械开采出的较规则并略加凿琢而成的六面体石块。多用致密的砂岩、石灰岩、花岗岩等开采凿制。按其加工的平整程度可分为毛料石、粗料石、半细料石及细料石。粗料石主要用于砌筑建筑物的基础、勒脚、墙体等；半细料石及细料石主要用作镶面材料或铺路石
板材	用致密的岩石凿平或锯成的一定厚度的岩石板材。一般用作装饰饰面，常用大理石或花岗岩加工而成。饰面板材要求耐磨性及耐久性好，无裂缝和水纹，色彩丰富，外表美观。规格的板材可分为斧剁板材、机刨板材、粗磨板材、磨光板材等，主要用于室内外的墙体粘贴、地面铺砌
颗粒状石料	碎石主要用于配制混凝土以及作为道路及基础垫层、铁路路基、庭院和室内水景用石。卵石用途同碎石一样，也可作为装饰混凝土集料。石渣是加工大理石和花岗岩等的碎料经加工而成的，可作为人造大理石、斩假石、水刷石、水磨石的集料，还可用于制作干粘石制品

（3）人造石材。人造石材是用天然岩石或工业废渣为原料，加入一些助剂或胶结材料，经工艺处理合成的代替天然石材的材料。由于人造石材可以人为地控制性能、形状及图案等，故得到广泛应用。建筑工程中常用的有铸石和合成石材两类。

1）铸石。铸石是以天然岩石（辉绿岩、玄武岩和页岩等）或工业废渣为主要原料，加入一定的附加剂（如角闪岩、白云岩、萤石等）和结晶剂（如铬铁矿），经熔化、浇铸、结晶、退火等工艺制成的一种非金属耐腐蚀材料。其制品有板、砖、管及各种异型材料。铸石是钢、铁、铅、橡胶、木材等较为理想的替代材料。

2）合成石材。合成石材是以石渣、石英砂等为集料，水泥、树脂等为胶结材料，经过拌和、成型、聚合或养护，打磨抛光切割而成。它们具有天然石材的装饰效果，而且花色、品种、形状等多样化；还具有轻质、耐腐蚀、耐污染、施工方便等优点；其缺点是色泽、纹理不及天然石材自然、柔和。根据胶结材料类型可分为水泥型人造石材、聚酯型人造石材、复合型人造石材和烧结型人造石材四类。

常用人造合成石材有人造大理石、水磨石和陶粒制品三种，见表3-6。

表3-6　常用人造合成石材

类　型	特　点
人造大理石	按所用胶粘剂的不同，通常分为有机类和无机类两种 有机类人造大理石：以不饱和聚酯树脂为胶粘剂，加入石英砂、大理石、方解石等，经合理调配、室温固化而成 无机类人造大理石：以水泥或石灰为胶结料，砂为细集料，碎大理石、碎花岗石等工业废料为粗集料，经配料、搅拌、成型、加压蒸养，再行磨光、抛光而成。也有采用类似陶瓷工艺的烧结型无机类人造大理石板材。与天然大理石相比，人造大理石具有强度高、密度小、厚度薄、耐腐蚀等优点。但有机类人造大理石板容易产生变形，往往影响施工和使用。另外，我国目前生产的人造大理石板材多数其花纹不够自然、逼真，还难以达到天然石材的装饰效果
水磨石	以水泥和大理石米为主要原料，经成型、养护、研磨、抛光而成。具有美观大方、强度高、施工方便、适用等特点，可以制成建筑用的各种饰面板和其他制品，如地面板、窗台板、踏脚板、隔断板、台面板、踏步板以及水池、浴盆、盖板等，在建筑工程中使用比较广泛
陶粒制品	也称人造石子，是一种人造轻集料。陶粒可分为页岩陶粒、黏土陶粒和粉煤灰陶粒等。陶粒具有轻质高强的优良性能，可代替普通天然石子配制陶粒混凝土，制作多孔板、槽板、平板、墙板以及桥面板等保温、隔热、吸声等轻质构件

（4）砌墙砖。砌墙砖是指凡以黏土、工业废渣和地方性材料为主要原料，以不同的生产工艺制成的，在建筑中用于砌筑墙体的砖。常见的类型及特点，见表3-7。

表3-7　常见的砌墙砖

类　型	特　点
烧结普通砖	以黏土、页岩、煤矸石和粉煤灰等为主要原料，经焙烧而成的普通实心砖，根据所用原材料不同可分为烧结黏土砖（N）、烧结页岩砖（Y）、烧结煤矸石砖（M）、烧结粉煤灰砖（F）等
烧结多孔砖和烧结空心砖	与烧结普通砖相比，多孔砖及空心砖自重轻，黏土及燃料用量小、烧成率及施工效率高，成本低，绝热及隔声性能好
蒸养（压）砖	以含钙材料（石灰、电石渣）和含硅材料（砂子、粉煤灰、煤矸石、灰渣、炉渣等）为原料，加水搅拌，经压制成型，再进行蒸汽和蒸压养护而制成的。主要品种有灰砂砖、粉煤灰砖、炉渣砖等

（5）建筑砌块。砌块是指用于砌筑的人造块材，其尺寸大于砌墙砖，一般为直角六面体。按产品主要规格可分为大型砌块（高度大于980mm）、中型砌块

（高度为 380～980mm）和小型砌块（高度为 115～380mm）。砌块高度一般不大于长度或宽度的 6 倍，长度不超过高度的 3 倍。根据需要也可以生产异形砌块。

砌块是一种新型的墙体材料，它可以充分利用地方性资源及工业废渣，并可以节省黏土和改善环境。其生产工艺简单，原料来源广，施工效率高，可以改善墙体功能，因此发展较快。砌块分类方法很多，按用途可分为承重砌块和非承重砌块；按有无孔洞可分为实心砌块和空心砌块；按材质可分为硅酸盐砌块、轻集料砌块、加气混凝土砌块和混凝土砌块等。常见的建筑砌块，见表 3-8。

表 3-8 常见的建筑砌块

类　型	特　　点
蒸压加气混凝土砌块	以钙质材料（水泥、石灰等）和硅质材料（砂、矿渣、粉煤灰等）为原料，掺入加气剂，经蒸压养护等工艺制成的混凝土砌块
粉煤灰砌块	以粉煤灰、石灰、石膏、集料等为原料，按一定比例配料，加水搅拌、振动成型、蒸汽养护制成。其主要规格尺寸有 880mm × 380mm × 240mm 和 880mm ×420mm ×240mm 两种。该砌块可用于一般工业与民用建筑的墙体与基础，但不能用于长期受高温和经常受潮湿的承重墙体，也不宜用于有酸性介质侵蚀的建筑部位
混凝土小型空心砌块	以水泥、普通砂、石为原料，按一定比例配合，经搅拌、成型、养护而成的砌块，有承重砌块和非承重砌块两类。有时非承重砌块用炉渣或其他轻质集料配制，以减轻自重

2. 胶凝材料

铺地工程中用来将散粒材料（如砂和石子）或块状材料（如砖和石块）黏结成为整体的材料称为胶凝材料（或胶结材料）。按其化学组成一般可分为有机胶凝材料和无机胶凝材料两大类。常见的有机胶凝材料有石油沥青、煤沥青及各种天然和合成树脂等。无机胶凝材料按照硬化所需条件可分为气硬性胶凝材料和水硬性胶凝材料。气硬性胶凝材料只能在空气中硬化，也只能在空气中保持和继续发展其强度，如石灰、石膏、水玻璃等。一般只适用于地上或干燥环境，不宜用于潮湿环境，更不能用于水中。水硬性胶凝材料不仅能在空气中而且能更好地在水中硬化，并保持和继续发展其强度，如各种硅酸盐水泥，既能用于地上，也能用于地下或水中各种工程。

水泥泛指加水拌和成塑性浆体，能胶结砂、石等适当材料并能在空气和水中硬化的粉状无机水硬性胶凝材料。水泥是建筑业的基本材料，按其主要水硬性物质名称可分为硅酸盐水泥、铝酸盐水泥、硫铝酸盐水泥、铁铝酸盐水泥和氟铝酸盐水泥等；按其用途及性能可分为通用水泥、专用水泥及特性水泥三大类，见表3-9。

表3-9 水泥类型

类 型	特 点
通用水泥	一般土木建筑工程通常采用的水泥，即目前常用的硅酸盐水泥、普通硅酸盐水泥、矿渣硅酸盐水泥、火山灰质硅酸盐水泥、粉煤灰硅酸盐水泥及复合硅酸盐水泥
专用水泥	专门用途的水泥，主要有砌筑水泥、大坝水泥、道路水泥、油井水泥等
特性水泥	某种性能比较突出的水泥，主要有快硬水泥、白色水泥、中热水泥、低热水泥、低热矿渣水泥、膨胀水泥、抗硫酸盐硅酸盐水泥等

3. 混凝土与砂浆

（1）混凝土。混凝土是由胶凝材料与水、粗集料、细集料按适当比例配合，必要时掺加适量外加剂、掺和料或其他改性材料，经搅拌、捣实成型后，经过一定时间硬化而成的人造石材。胶凝材料有水泥、石膏等无机胶凝材料和沥青、聚合物等有机胶凝材料。无机及有机胶凝材料也可复合使用。混凝土的分类，见表3-10。

表3-10 混凝土的分类

分类方式	类 型
按照表观密度分	可分为重混凝土（$\rho_0 > 2800\text{kg/m}^3$）、普通混凝土（$\rho_0 = 2000 \sim 2800\text{kg/m}^3$）和轻混凝土（$\rho_0 < 1950\text{kg/m}^3$）
按照用途分	可分为普通混凝土、道路混凝土、防水混凝土、耐热混凝土、耐酸混凝土、防辐射混凝土、膨胀混凝土、装饰混凝土、大体积混凝土等。
按照生产与施工方法分	可分为商品混凝土、泵送混凝土、喷射混凝土、压力灌浆混凝土（预填集料混凝土）、预应力混凝土、挤压混凝土、离心混凝土、真空吸水混凝土、碾压混凝土等

（2）建筑砂浆。建筑砂浆是铺地工程中不可缺少的而且用量很大的建筑材料，是由无机胶凝材料、细集料和水，有时也掺入某些外掺材料，按一定比例配合调制而成。

1）常用的建筑砂浆。按功能来分有砌筑砂浆、抹面砂浆、装饰砂浆及特种砂浆；按胶凝材料的不同可分为水泥砂浆、石灰砂浆、混合砂浆。

2）建筑砂浆用途。与普通混凝土相比，砂浆又称无粗集料混凝土，在建筑工程中用途非常广泛，其主要用途如下。

① 在砖石结构中，将砖、石、砌块胶结成砌体。

② 用于室内外基础、墙面、地面、顶棚及钢筋混凝土梁、柱等表面抹灰。

③ 镶贴大理石、水磨石、陶瓷面砖等饰面的粘接材料。

④ 用作管道、大板等接头及接缝材料。

4. 其他材料

（1）建筑陶瓷。陶瓷制品可分为陶质、瓷质和炻质三大类。最常用的建筑陶瓷制品有釉面砖、外墙面砖、地面砖、陶瓷锦砖、琉璃制品、陶瓷壁画及卫生陶瓷等。各类建筑陶瓷的类型及特点，见表3-11。

表 3-11　建筑陶瓷类型及特点

类　　型	特　　　点
墙地砖	以优质陶土原料加入其他材料配成生料，分有釉和无釉两种。墙地砖的表面质感有多种多样，通过配料和改变制作工艺，可制成平面、麻面、毛面、刨光面、磨光面、纹点面、仿花岗石面、压花浮雕面、无光釉面、金属光泽面、防滑面、耐磨面等，以及丝网印刷、套花图案、单色、多色等多种制品 墙地砖主要用于建筑物外墙贴面和室内外地面装饰铺贴用砖。用于外墙面的常用规格为150mm×75mm、200mm×100mm等，用于地面的常用规格有300mm×300mm、400mm×400mm，其厚度为8～12mm
陶瓷锦砖	俗称马赛克，是指由边长不大于40mm、具有多种色彩和不同形状的小块瓷砖镶拼组成各种花色图案的陶瓷制品。陶瓷锦砖采用优质瓷土烧制成方形、长方形、六角形等薄片状小块瓷砖后，通过铺贴盒将其按设计图案反贴在牛皮纸上，称作一联，每联305.5mm×305.5mm见方，每40联为一箱，每箱约3.7m²，主要用于室内地面铺贴
陶瓷劈离砖	以黏土为原料，经配料、真空挤压成型、烘干、焙烧、劈离（将一块双联砖分为两块砖）等工序制成。该产品富于个性，古朴高雅，适用于墙面装饰
琉璃制品	以难熔黏土作原料，经配料、成型、干燥、素烧、表面涂以琉璃釉料后，再经烧制而成。琉璃制品常见的颜色有金、黄、蓝和青等。其主要产品有琉璃瓦、琉璃砖、琉璃兽、琉璃花窗、栏杆等装饰制件，还有琉璃桌、绣墩、鱼缸、花盆、花瓶等陈设用的建筑工艺品 琉璃制品主要用于建筑屋面材料，如板瓦、筒瓦、滴水、勾头以及飞禽走兽等，用作檐头和屋脊的装饰物，还可以用于建筑园林中的亭、台、楼阁，以增加园林的特色
陶瓷壁画	以陶瓷面砖、陶板等建筑块材经镶拼制作的，具有较高艺术价值的现代建筑装饰，属高档装饰。陶瓷壁画不是原画稿的简单复制，而是艺术的再创造，巧妙地融绘画技法和陶瓷装饰艺术于一体，经过放样、制版、刻画、配釉、施釉、焙烧等一系列工艺，采用浸、点、涂、喷、填等多种施釉技法以及丰富多彩的窑变技术，创造出神形兼备、巧夺天工的艺术作品。适用于大厦、宾馆、酒楼等高级建筑的镶嵌，也可镶嵌于公共活动场所，如机场的候机室、车站的候车室、大型会议室、会客室、园林旅游区以及码头、地铁、隧道等公共设施的装饰，给人以美的享受

（2）建筑钢材。金属材料是指由一种或两种以上的金属元素，或者金属与非金属元素组成的具有金属性质的合金的总称。铺地工程上所用的钢筋、型钢、钢板和钢管等通称为建筑钢材。建筑钢材的主要优点是强度高，表现为抗拉、抗压、抗弯及抗剪强度都很高，可用于钢结构中制作各种构件。在钢筋混凝土结构

中，能弥补混凝土抗拉弯、抗剪和抗裂性能较低的缺点；塑性好，在常温下钢材能承受较大的塑性变形；质地均匀、性能可靠，钢材性能的利用率比其他非金属材料要高得多。若对钢材实行热处理，尚可根据所需要的性能进行改性。

（3）建筑涂料。涂敷于建筑物体表面能干结成膜，具有防护、装饰、防锈、防腐、防水或其他特殊功能的物质称为涂料。把涂装于建筑物表面，如内外墙面、地面等，能与基体材料很好粘接，形成完整而坚硬的保护膜，并能起到防护、装饰及其他特殊功能的涂料称为建筑涂料。涂料种类繁多，功能各异，不同的涂料组成成分各不相同。按所起的作用不同，可分为主要成膜物质、次要成膜物质和辅助成膜物质。

第三节　　铺 装 设 计

【高手必懂知识】铺装设计原则

1. 符合园路的功能特点

除了建设期间以外，园路车流频率不高，重型车也不多。因此，铺装设计要符合园路的这些特点，既不能弱化甚至妨害园路的使用，也不能由于盲目追求某种不合时宜的外观效果而妨碍道路的使用。

如果是一条位于风景幽胜处的小路，为了不影响游人的行进和对风景的欣赏，铺装应平整、安全，不宜过多的变化。色彩、纹样的变化同样可以起到引导人流和方向的作用。如果在需提示景点或某个可能作为游览中间站的路段，可利用与先前对比较强烈的纹样、色彩、质感的铺装变化，提醒游人并供游人停下来观赏。出于驾驶安全的考虑，行车道路也不能铺得太花哨以致干扰驾驶员的视觉。但在十字路口、转弯处等交通事故多发路段，可以铺筑彩色图案以规范道路类别，确保交通安全。

2. 与园景的意境功能相协调

园路路面是园林景观的重要组成部分，路面的铺装既要体现装饰性的效果，以不同的类型形态出现，又要在建材及花纹图案设计方面必须与园景意境相结合。路面铺装不仅要配合周围环境，还应该强化和突出整体空间的立意和构思。

3. 与其他造园要素相协调

园路路面设计应充分考虑到与地形、植物、山石及建筑的结合，使园路与之统一协调，适应园林造景要求，如嵌草路面不仅能丰富景色，还可以改变土壤的水分和通气状态等。在进行园路路面设计时，如果为自然式园林，园路路面应具有流畅的自然美，从形式和花纹上都应尽可能避免过于规整；如果为规则式平地直路，则应尽可能追求有节奏、有规律、整齐的景观效果。

4. 符合生态环保的要求

园林是人类为了追求更美好生活环境而创造的，园路的铺装设计也是其中一个重要方面。它涉及很多内容，一方面是是否采用环保的铺装材料，包括材料来源是否破坏环境、材料本身是否有害；另一方面是是否采取环保的铺装形式。

5. 考虑可持续性

园林景观建设是一个长期过程，要不断补充完善。园路铺装适于分期建设，甚至临时放个过路沟管，抬高局部路面。因此，路面铺装是否有令人愉悦的色彩、让人耳目一新的创意和图案，是否和环境相协调，是否有舒适的质感，对于行人是否安全等，都是园路铺装设计的重要内容之一，也是最能表现"设计以人为本"这一主题的手段之一。

【高手必懂知识】常见的铺装手法

1. 图案式地面装饰

图案式地面装饰是用不同颜色、不同质感的材料和铺装方式在地面做出简洁的图案和纹样。图案纹样应规则对称，在不断重复的图形线条排列中创造生动的韵律和节奏。采用图案式手法铺装时，图案线条的颜色要偏淡、偏素，决不能浓艳。除了黑色以外，其他颜色都不要太深、太浓。对比色的应用要适度，色彩对比不能太强烈。在地面铺装中，路面质感的对比可以比较强烈，如磨光的地面与露集料的粗糙路面可以相互靠近，形成强烈对比。

2. 色块式地面装饰

色块式地面铺装手法其地面铺装材料可选用 3 ~ 5 种颜色，表面质感也可以有 2 ~ 3 种表现；广场地面不做图案和纹样，而是铺装成大小不等的方、圆、三角形及其他形状的颜色块面。色块之间的颜色对比可以强一些，所选颜色也可以比图案式地面更加浓艳一些。但是，路面的基调色块一定要明确，在面积、数量上一定要占主导地位。

3. 线条式地面装饰

线条式地面装饰指在浅色调、细质感的大面积底色基面上，以一些主导性的、特征性的线条造型为主进行的装饰。这些造型线条的颜色比底色深，也更鲜艳一些，一般质地也比基面粗，比较容易引人注意。线条的造型有直线形、折线形，也有放射状、旋转形、流线型，还有长短线组合、曲直线穿插、排线宽窄渐变等富于韵律变化的生动形象。

4. 阶台式地面装饰

阶台式地面装饰是将广场局部地面做成不同材料质地、不同形状、不同高差的宽台形或宽阶形，既使地面具有一定的竖向变化，又使某些局部地面从周围地面中独立出来，在广场上创造出一种特殊的地面空间。这种装饰被称为阶台式地面装饰。如在坐椅区、花坛区、音乐广场的演奏区等地方，通过设置凸台式地面来划分广场地面，既突出个性空间，又可以很好地强化局部地面的功能特点。将广场水景池周围地面设计为几级下行的阶梯，使水池成为下沉式的，水面更低，观赏效果会更好。总之，宽阔的广场地面中如果有一些竖向变化，则广场地面的景观效果一定会有较大的提高。

【高手必懂知识】铺装设计要点

铺装形式多样，主要是通过色彩、质感、构图、尺度、上升、下沉和边界的相互组合产生变化。

1. 色彩

色彩是心灵表现的一种手段，能把设计者的情感强烈地灌入人们的心灵。铺装的色彩在园林中一般是衬托景点的背景，除特殊的情况外，其少数情况会成为主景，所以要与周围环境的色调相协调。

色彩是在铺地中最易创造气氛和情感的活跃因素，良好的色彩处理会给人们带来无限的欢快与愉悦。我国是一个国土辽阔、民族众多的国家，对色彩的喜爱也有差别，表3-12列出了我国不同地区与民族对色彩的喜爱与禁忌。在园林铺装景观中，合理利用色彩对人的心理效应，如色彩的感觉、色彩的表情、色彩的联想与象征等，可以形成别具一格的地面，让它充满生机和情趣，与蓝天白云、青山绿水、多彩花园一起营造优美的园林空间，让人们的生活更加精彩。

表3-12 我国不同地区与民族对色彩的喜爱与禁忌

地区和民族	喜爱的色彩	忌用的色彩
北方	深重稳定的色彩	—
南方	素雅明快的色彩	—
城市	淡雅、清新、调和的色彩	—
农村	浓艳、对比强烈的色彩	—
汉族	红、金色、黑、白	—
蒙古族	橘黄、蓝、绿、紫红	白
回族	黑、白、蓝、红、绿	

（续）

地区和民族	喜爱的色彩	忌用的色彩
藏族	黑、红、橘黄、紫、白	浅黄、绿
苗族	青、深蓝、墨绿、黑、棕色	黄、白、朱红
维吾尔族	红、绿、粉红、玫瑰红、紫红、青、白	黄
朝鲜族	白、粉红、粉绿、淡黄	—
满族	黄、紫、红、蓝	白

（1）色彩的感觉。色彩给人的感觉有大小感、进退感、轻重感、冷暖感、软硬感、兴奋沉静感和华丽朴素感等。一般来讲，红、橙、黄暖色系的色彩是前进色，有向前凸出感；蓝、绿冷色系的色彩为后退色，有凹进感。另外，明度高者，视之似进；明度低者，视之似退；明度高者感轻，明度低者感重。红色系使人感暖，蓝色系使人感冷。无彩色中，白色使人感冷，黑色使人感暖。

色彩的软硬感与色彩的明度、纯度相关。明度高、纯度低的色彩使人感到柔软，明度低、纯度高的色彩使人感到坚硬。由于红、橙、黄纯色能给人以兴奋感，故称为兴奋色；而蓝、绿色给人以沉静感，故称为沉静色。对于华丽朴素感，从纯度方面讲，纯度高的色彩给人的感觉华丽，纯度低的色彩给人的感觉朴素；从色相方面讲，暖色给人的感觉华丽，冷色给人的感觉朴素；从明度方面讲，明度高的色彩给人的感觉华丽，而明度低的色彩给人的感觉朴素。

（2）色彩的表情、联想与象征。每一种色都有自己的表情，会对人产生不同的心理作用，联想和象征是色彩心理效应中最为显著的特点，可以利用这一特点来实现铺装景观的功能。各种色彩的表情、联想与象征，见表3-13。

表3-13　各种色彩的表情、联想与象征

色　彩	表情、联想与象征
红色	色感温暖，性格刚烈而外向，是一种对人刺激性很强的色，容易引起人的注意，也容易使人兴奋、激动、紧张、冲动，还是一种容易造成人视觉疲劳的色，象征幸福吉祥，也能给人留下恐怖心理，象征着流血和危险
橙色	能使血液循环加快，而且有温度上升的感觉，是色彩中最活泼、最富有光辉的色彩，是暖色系中最温暖的色，常和太阳相联系
黄色	最明亮的色彩，使人愉快的色、幸福的色，给人明快、泼辣、希望、光明的感觉
绿色	具有黄色和蓝色两种成分，将黄色的扩张感和蓝色的收缩感相中庸，将黄色的温暖感与蓝色的寒冷感相抵消，使得绿色的性格最为平和、安稳，是一种柔顺、恬静、优美的色，使人的精神不易疲劳，眼睛感到刺激难受时，可以在绿色中求得恢复
黄绿色	具有一种冷色的、端庄的色彩，平静而又凉爽，显出一种青春的力量，生机勃勃，蒸蒸日上，使人联想到春、竹、嫩草等，对市民环境心理上有一种宁静和园林感的影响

（续）

色　　彩	表情、联想与象征
蓝色	显得朴实、内向，常为那些性格活跃、具有较强扩张力的色彩，提供一个深远、广阔、平静的空间，可以很好的衬托活跃色彩。深蓝色如同天空、海洋，有着遥远而神秘的感觉
紫色	明度在有彩色的色料中是最低的。紫色的低明度给人一种沉闷、神秘的感觉
白色	白色的色感光明，性格朴实、纯洁、快乐。能将其他色引为明亮，白色的性格内在，让人感到快乐、纯洁，而毫不外露
黑色	在视觉上是一种消极的色彩，给人稳定、深沉、严肃、坚实的感觉。一般认为大面积的白、黑色路面单调乏味，因此进行彩色路面景观铺装，使道路彩化，更具吸引力。但这并不意味着铺装景观的色彩设计排除白色与黑色
灰色	白与黑的混合色，由于灰色明度适中，因此它属于能使人的视觉得到平衡的色

（3）色彩的相互参杂。不同色彩与其他色彩的相互参杂会产生不同的效果。

1）在红色中加入少量的黄，会使其热力强盛，趋于躁动、不安；加入少量的蓝，会使其热性减弱，趋于文雅、柔和；加入少量的黑，会使其性格变的沉稳，趋于厚重、朴实；加入少量的白，会使其性格变的温柔，趋于含蓄、羞涩、娇嫩。

2）在纯黄色中加入少量的其他色，其色相感和色性格均会发生较大程度的变化。在黄色中加入少量的蓝，会使其转化为一种鲜嫩的绿色，其高傲的性格也随之消失，趋于一种平和、潮润的感觉；加入少量的红，则具有明显的橙色感觉，其性格也会从冷漠、高傲转化为一种有分寸感的热情、温暖；加入少量的黑，其色感和色性变化最大，成为一种具有明显橄榄绿的复色印象，其色性也变的成熟、随和；加入少量的白，其色感变的柔和，其性格中的冷漠、高傲被淡化，趋于含蓄，易于接近。

3）如果在橙色中加入黄的成分较多，其性格趋于甜美、亮丽、芳香；在橙色中加入少量的白，可使橙色的知觉趋于焦躁、无力。

4）在蓝色中分别加入少量的红、黄、黑、橙、白等色，均不会对蓝色的性格构成较明显的影响。

5）在绿色中加入黄的成分较多时，其性格就趋于活泼、友善，具有幼稚性；在绿色中加入少量的黑，其性格就趋于庄重、老练、成熟；在绿色中加入少量的白，其性格就趋于洁净、清爽、鲜嫩。

6）在紫色中加入红的成分较多时，其知觉具有压抑感、威胁感；在紫色中加入少量的黑，其感觉就趋于沉闷、伤感、恐怖；在紫色中加入白，可使紫色沉闷的性格消失，变得优雅、娇气。

7）在白色中加入任何其他色，都会影响其纯洁性，使其性格变的含蓄。在白色中加入少量的红色，就成为淡淡的粉色，显得鲜嫩；在白色中加入少量的黄色，则成为一种乳黄色，给人一种香腻的印象；在白色中加入少量的蓝色，给人感觉清冷、洁净；在白色中加入少量的橙色，有一种干燥的气氛；在白色中加入少量的绿色，给人一种稚嫩、柔和的感觉；在白色中加入少量的紫色，可诱导人联想到淡淡的芳香。

2. 质感

所谓质感，是由于感触到素材的结构而有的材质感，是景观铺装中的另一活跃因素，如图 3-18 所示。铺装材料的表面质感具有强烈的心理诱发作用，不同的质感可以营造不同的气氛，给人以不同的感受。

图 3-18　铺装材料的质感表现

在进行铺装设计的时候，要充分考虑空间的大小。大空间要做得粗犷些，应该选用质地粗大、厚实、线条较为明显的材料，因为粗糙往往使人感到稳重、沉重、开朗；另外，在烈日下面，粗糙的铺地可以较好地吸收光线，不显得耀眼。小空间则应该采用较细小、圆滑、精细的材料，细致感给人轻巧、精致、柔和的感觉。如麻面石料和灰色仿花岗岩铺面的园林小径，体现的是一种粗犷、稳定的感觉，而卵石的小道则让人感到舒畅、亲切，不同的素材创造了不同的美的效应。

不同质地的材料在同一景观中出现，必须注意其调和性，恰当地运用相似及对比原理，组成统一和谐的园林景观。

（1）第一、第二质感。如何让用路者无论是远景视还是近景视都能获得良好的质感美效果也是施工中必须要关注的问题。要充分了解从什么距离如何可以看清材料，才能选择适于各个不同距离的材料，这在提高外部空间质量上是有利的。对于广场和人行道上的人们，可以很清楚地看到铺装材料的材质，称之为材料的第一质感；而对于车上的乘客，由于所处距离较远，以至于看不清铺装材料的纹理，为了吸引这些人的注意，满足他们的视觉要求，就要对铺装砌缝以及铺装构图进行精心设计，这些就形成了材料的第二质感，如图 3-19 所示。

图 3-19　铺装的第一、第二质感

（2）视觉、触觉质感。由于人们用眼感知不同材料时会产生不同的视觉质感，从而获得不同的视觉美感；而通过触觉感知不同材料的表面时会产生不同的触觉质感，从而获得不同的心理感受，如图 3-20 和图 3-21 所示。在铺装景观设计中，巧妙、灵活地利用质感可以给空间带来丰富的内涵和感染力，同时会对人们产生心理暗示，继而指导人们的行为。可以说，质感是实现铺装景观功能必不可少的要素之一，其设计是铺装景观设计中极其重要的一环。

图 3-20　铺装的视觉、触觉质感（一）　　　图 3-21　铺装的视觉、触觉质感（二）

3. 构形

（1）构形的基本要素。构形设计的点线面是一切造型要素中最基本的，存在于任何造型设计之中。研究这些基本的要素及构形原则是研究其他视觉元素的起点。点线面通常被认为是概念元素，但运用在实际设计之中，它们则是可见的，并具有各自特有的形象。在铺地景观中对构形是不容忽视的，构成设计要体现形式美原则，即：统一、对比、比例、韵律、节奏、动感等。

1）点。在几何学上，点只有位置，没有面积。但在实际构成练习中点要见之于图形，并有不同大小的面积。点在构形中具有集中，吸引视线的功能。点的连续会产生线的感觉，点的集合会产生面的感觉，点的大小不同会产生深度感，几个点之间会有虚面的效果。

点以不同的方式存在或组合能引起人们不同的心理反应。当画面中只有一个点时，人们的视线就很容易集中到这个点上，如图 3-22a 所示。当空间中有两个同等大小的点，各自占有其位置时，其张力作用就表现在连接此两点的视线上，在心理上产生吸引和连接的效果，如图 3-22b 所示。空间中的三个点在三个方向上平均散开时，其张力作用就表现为一个三角形，如图 3-22c 所示。如果画面中的两个点为不同大小时，观察者的注意力首先会集中在优势的一方，然后再向劣势方向转移，如图 3-22d 所示。

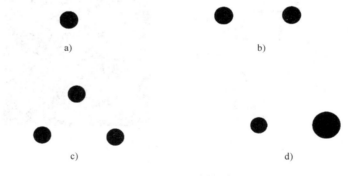

图 3-22　点的不同组合方式

点的组合能够形成多种视觉心理的功能作用。序列的点可以使人感知到线。点的等距排列表现出安定、均衡的特点；将不同大小、疏密的混合排列，使之成为一种散点式的构型；而由小到大的点按一定的轨迹、方向进行变化，则可以产生一种优美的韵律感；把点以大小不同的形式，既密集，又分散的进行有目的的排列，可以产生点面的变化感，如图 3-23 所示。

不同形态具有不同的性格，如圆点具有饱满、充实的特点，方点显得坚实、规整、稳定，水滴形点则具有下落、重量、方向性，多边形点显得尖锐、紧张、

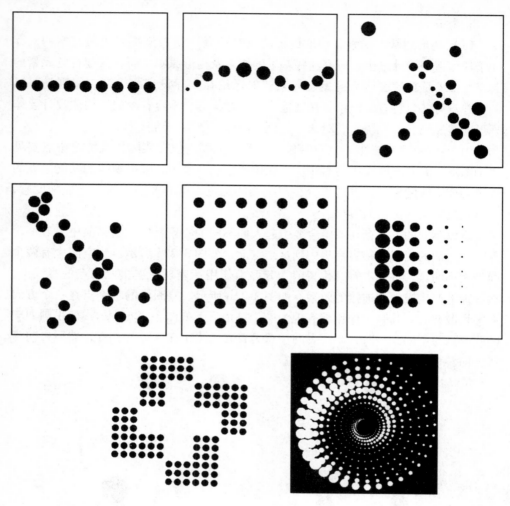

图 3-23　点的构成

闪动，不规则点则自由、随意，如图 3-24 所示。

图 3-24　不同形态的点

　　点在铺装中的运用形式，如图 3-25 所示。

　　2）线。几何学上的线是没有粗细的，只有长度和方向，但构成中的线在图面上是有宽窄粗细的。线在东方的绘画中被广泛运用，并有很强的表现力。线的种类很多，有直线和曲线。其中直线包括平行线、垂直线、折线、斜线等；曲线

a)

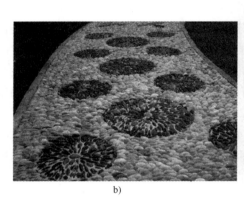

b)

c)

图 3-25   点在铺装中的运用

包括弧线、抛物线、双曲线、圆等。线的形态，如图 3-26 所示。

直线寓意性格挺直、单纯，是男性的象征，表现出了简单、明了、直率的特点，具有一种力量上的美感。线的粗细程度不同会产生视觉情感的差异。粗直线使人感觉坚强、有力、厚重和粗壮，而细直线却显得轻松、秀气和敏锐。但细到极致的线会让人神经质。粗线由于视觉冲击力强，常常越于画面前列。细线则有远离感，当粗细线组合在一起时，变出现明显的视觉空间效果。折线具有节

105

图 3-26　线的形态

奏、动感、活泼、焦虑、不安等心理感受。从线的方向来说，不同方向的线会反映出不同的感情性格，可以根据不同的需要加以灵活运用。水平线能够显示出永久、和平、安全、静止的感觉。垂直线具有庄严、崇敬、庄重、高尚、权威等感情心理的特点。斜线是直线的一种形态，介于垂直线和水平线之间，相对这两种直线而言，斜线有一种不安全、缺乏重心平衡的感觉，但它有飞跃、向上冲刺和前进的感觉。

曲线与直线相比，则会产生丰满、优雅、柔软、欢快、律动、和谐等审美上的特点，是女性美的象征。曲线可以分为自由曲线和几何曲线。自由曲线是富有变化的一种形式，主要表现于自然的伸展，并且圆润而有弹性。它追求自然的节奏、韵律性，较几何曲线更富有人情味。几何曲线由于它的比例性、精确性、规整性和单纯中的和谐性，使其形态更有符合现代感的审美意味，在施工中加以组织，常会取得比较好的效果，如图 3-27 所示。

3）面。线或点连续移动至终结而成，有长宽、位置但无厚度，是体的表面，受线的界定，它体现了充实、厚重、整体、稳定的视觉效果。面的外轮廓线决定面的外形，可分为几何形、自由曲线形、偶然形。

几何形面可分为直线形和曲线形。直线形面是任何由直线形成的面。几何直线形具有简洁、明了、安定、信赖、井然有序之感。几何曲线形面是任何由几何曲线形成的面，比直线更具柔性、理性、秩序感，具有明了、自由、易理解、高贵之感。不同的几何形面有不同的性格，如图 3-28 所示。

自由曲线形是不具有几何秩序曲线形，因此，它较几何曲线形更加自由、富有个性，它是女性的代表，在心理上可产生优雅、柔软之感，如图 3-29 所示。偶然形是一种自然形态，是一种难以预料的形，如破碎的玻璃。偶然形面如图 3-30 和图 3-31 所示。一般是设计者采用特殊技法所产生的面，和前几种相比较更自然、更加生动，富有人情味。不同曲线形的面组合形成的铺装将极具现

a)

b)

c)

d)

图 3-27　铺装中的线

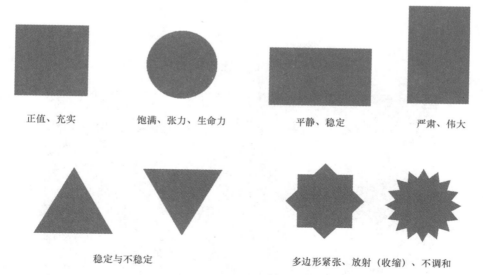

正值、充实

饱满、张力、生命力

平静、稳定

严肃、伟大

稳定与不稳定

多边形紧张、放射（收缩）、不调和

图 3-28　几何形面

代感，使人感到空间的流动与跳跃，但这需要设计者必须具有高度的创意设计能力，否则就会出现影响视觉进而扰乱步行节奏等问题，所以不容易成功。

图 3-29　自由曲线形面

图 3-30　偶然形面

图 3-31　偶然形面铺装实例

（2）构形的基本形式。构形的基本形式，见表3-14。

表3-14 构形的基本形式

基本形式	内　　容
重复形式	构形中的同一要素连续、反复有规律的排列谓之重复，它的特征就是形象的连接。重复构形能产生形象的秩序化、整齐化，画面统一，富有节奏美感。同时，由于重复的构形使形象反复出现，具有加强对此形象的记忆作用 　重复构形的一个基本条件是必须有重复的基本形、重复的骨骼。重复的基本形是构成图形的基本单位。重复的骨骼是构形的骨骼空间划分的形状、大小相等。重复的骨骼为给基本形在方向和位置方面的交换提供了有利条件，从而可以进行多方面的变化，如图3-32所示 　基本形的绝对重复排列即同一基本形按一定的方向连续的并置排列，这是重复构形的最基本表现形式。基本形的正、负交替排列即同一基本形在左、右和上、下位置上，正、负交替变化。基本形的方向、位置变换排列即同一基本形在方向上进行横竖或上下变换位置。重复基本形的单元反复排列即将基本形在方向上按照一定的秩序形成一个单元反复排列，如图3-33所示
渐变形式	渐变是基本形或骨骼逐渐地、有规律地顺序变动，能给人以富有节奏、韵律的自然性美感，呈现出一种阶段性的调和秩序。一切构形要素都可以取得渐变的效果。如基本形的大小渐变、方向渐变、色彩渐变、形状渐变等，通过这些渐变产生美的韵味，如图3-34所示 　大小渐变是基本形以起点至终点，按前大后小的空间透视原理编排的渐次由大到小或由小到大的变化，这种变化可以形成空间深远之感。对基本形进行排列方向的渐变，可以加强画面的变化和动态感。在构形中，为了增强人们的欣赏情趣，可以采用一种形象逐渐过渡到另一种形象的手法，这种手法称为形状渐变。只要消除双方的个性，取其共性，造成一个中立的过渡区，取其渐变过程便可得到形状渐变
发射形式	发射是特殊的重复和渐变，其基本形或骨骼环绕一个共同的中心构成发射状的图形。其特点是由中心向外扩张，由外向中心收缩，所以其具有一种渐变的形式，视觉效果强烈，令人注目，具有强烈的指向作用，具有一定的节奏、韵律等美感，如图3-35所示。所有的发射骨骼均由中心和方向构成。发射形式有离心式发射、向心式发射、同心式发射、移心式发射、多心式发射 　离心式发射：是一种发射点在中心部位，其发射线向外发射的构形形式，是发射骨骼中应用较多的一种主要形式。在离心式发射构形中，由于发射骨骼线不同，可分直线发射和曲线发射等不同形式。直线发射使人感到强而有力，曲线发射使人感到柔和而变化多样 　向心式发射：是与离心式发射相反方向的发射骨骼，其中心点在外部，从周围向中心发射。同心式发射的发射点是从一点开始逐渐扩展的，同心圆或类似方的渐变扩展所形成的重复形 　移心式发射：发射点可以根据图形的需要，按照一定的动态秩次渐次移动位置，形成有规律的变化，这种发射构形能够表现出较强的空间感 　多心式发射：以数个点进行发射构成，其中有的发射线相互衔接，组成了单纯性的发射构形。这种构形效果具有明显的起伏状，层次感也很强 　发射构形除了以上的基本形外，还可以多种形式结合应用，采用多种不同的手法交错表现，以此来丰富作品的表现力。发射构成的图形具有很强的视觉效果，形式感强，富有吸引力，令人注目，因此在铺装景观设计中，尤其是在广场的铺装设计中常会采用这种形式的构图

（续）

基本形式	内　　　　容
整体形式	在铺装景观中，尤其是广场的铺装，有时还会把整个广场作为一个整体来进行整体性图案设计。在广场中，将铺装设计成一个大的整体图案，将取得较佳的艺术效果，并易于统一广场的各要素和广场空间感的求得，烘托广场的主题，充分体现其个性特点，成为城市中的一处亮丽景观，给人们留下深刻印象，如图3-36所示

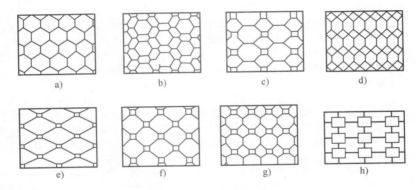

图 3-32　重复铺地方案
a）六方式　b）攒六方式　c）八方间六方式　d）套六方式
e）长八方式　f）八方式　g）海棠式　h）四方间十字方式

图 3-33　重复形式的铺装

图 3-34 渐变形式的铺装

图 3-35 发散形式的铺装

图 3-36 整体形式的铺装

111

（3）构形的基本设计手法。构形的基本设计手法有两种，见表3-15。

表3-15 构形的基本设计手法

方 法	内 容
轴线	轴线是我国传统设计思想中最重要的设计手法，是构成对称的要素，从气势恢弘的故宫到江南幽雅恬静的农家小院，对称的景观随处可见。轴线贯穿于两点之间，围绕着轴线布置的空间和形式可以是规则的，也可以是不规则的。有时候轴线是可见的，给人以明显的方向性和序列感；有时候轴线又是不可见的，强烈地存在于人们的感觉中，使人能够领会和把握空间，增加了空间的可读性。运用轴线合理组织与安排铺装空间及景观构图，可以给人强烈的空间感染力，达到景观环境设计的井然有序和完整统一，如图3-37 所示
重心	重心一般泛指人对形态所产生的心理量感上的均衡。重心的位置和形态通常决定了景观环境的主题。重心可以是平面的中心，也可以偏离中心设置，通常是人们视线的焦点和心理支撑点。重心在铺装构形设计中同轴线一样得到广泛应用，尤其是小面积的地面铺装多采用重心的构图设计手法来强调空间环境的主题，加深人们对景观环境的印象

图3-37 轴线设计手法

（4）构形的个性化设计。运用隐喻、象征的手法来表现某种文化传统和乡土气息，引发人们视觉的、心理上的联想和回忆，使其产生认同感和亲切感，这是铺装构形设计中创造个性特色常用的手法。在铺地景观的构形设计中还经常运用文字、符号、图案等焦点性创意进行细部设计，以突出空间的个性特色。这些带有文字、符号、图案的焦点性铺装部分具有很强的装饰性和趣味性，有的充满地方色彩，有的表现地图内容，有的具有指向、标示作用，也有的等间隔排列作路标使用。它们有效地吸引人们的注目，赋予空间环境文化内涵，增强了环境的可读性与可观赏性，非常有助于树立街区的形象。

4. 尺度

（1）尺度的类型。所谓尺度，是空间或物体的大小与人体大小的相对关系，是设计中的一种度量方法。尺度对人的感情、行为等都有巨大的影响。尺度的处理是否得当，是城市景观铺装设计成败的关键因素之一。城市设计所提及的尺度可狭义地定义在人类可感知的范围内的尺度上。一般把这一尺度分为三类。

1）人体尺度。这是以人为度量单位并注重人的心理反应的尺度，是评价空间的基本标准。

2）小尺度。很容易度量和体会，是可容少数人或团体活动的空间，如小公园、小绿地等，给人的体会通常是亲切、舒适、安全等。

3）大尺度。这是一种纪念性尺度，其尺度远远超出人对它的判断，如纪念性广场、大草坪等，给人的体会通常是雄伟、庄严、高贵等。

（2）尺度大小的确定原则。由于使用功能不同，周围环境风格各异，尺度的选择也各不相同。娱乐休闲广场、商业广场、儿童广场、园林、商业步行街、生活性街道等的铺装设计应该严格遵循"以人为本"的设计原则，采用人体尺度或小尺度，给人以亲切感、舒适感，吸引更多的人驻足，进行观赏、娱乐、休憩、交往、购物等活动。"以人为本"的原则并不是否定了大尺度，现代化城市中大尺度和小尺度应该是并存的，这样才符合社会发展的需要。

1）城市中需要大尺度的道路空间，要合理规划出车行空间和人行空间，使人和车和平共处。存在大尺度的道路空间并不意味着人对城市空间拥有权的丧失，当然前提是必须保障足够的城市公共生活空间。

2）现代城市存在一些政治色彩比较浓的场所，如市政广场、纪念广场等，采用大尺度的设计可以突出其庄严肃穆、宏伟壮观。

3）现代城市摩天大楼林立，在这些地点采用大尺度的处理手法，可以加强城市空间的开敞性，不会使人产生压迫感，同时突出时代特色。此外，城市中的空间尺度，大的更大，小的更小，大小并置，产生鲜明的对比，可以形成独特的魅力空间，更能吸引人们的注意。

4）铺装尺度的选择还应考虑视觉特性的影响。如果要使快速运动的人看清物体和人，就必须将它们的形象大大夸张。在高速公路两侧，标志和告示牌都必须巨大而醒目才能看清。同样道理，在交通干道、快速路主要通行机动车（辆），铺装设计要充分考虑到行车速度的影响，以乘客的视觉特点为主，设计中采用大尺度会获得更好的效果，这也更加体现了"以人为本"的设计原则。

5. 上升、下沉及其边界

（1）上升与下沉。在铺装景观设计中需要注意对地面高差的处理。人们对所处的地位极为敏感，对不同的标高有不同的反应。任何场所都有一个隐形的基准线，人可以位于这个基准线的表面，也可以高于或低于该基准线。高于这个基准线会产生一种权威与优越感，低于此线则会产生一种亲切与保护感。在铺装设计中，有效利用地面高差会获得非常好的效果。地面上升和下沉都能起到限定空间的作用，可以从实际上和心理上摆脱外界干扰，给其中活动的人们以安全感和归属感。

上升和下沉都能起到限定空间的作用，但给人的感觉却是不同的。一般来说，高处平面使人产生兴奋、高大、超然、开阔、眩晕等感觉。上升意味着向上进入某个未知场所，下沉则意味着向下进入某个已知场所。根据人的这种心理效应，可以在铺地设计中合理选择是上升还是下沉，以便更好地实现铺装的功能，满足人们对空间环境的不同要求。

（2）边界。边界是指一个空间得以界定，区别于另一空间的视觉形态要素，也可以理解为两个空间之间的形态联结要素，如图3-38所示。边界的走向与形态由周围环境决定，因为环境千变万化，所以边界形式也是多姿多彩的。边界处理同样是铺装景观设计中不容忽视的问题，构思巧妙的边界形式可为根据所强调的内容不同，总的来说边界可分为两类：确定性边界和模糊性边界。

模糊性边界可以实现一个环境空间到另一环境空间的自然过渡，空间转换温和顺畅。当铺装与绿化结合时，采用模糊性边界还可弱化人工环境与自然环境的冲突，使人们漫步其间，最大限度地接触草坪，接触绿色，感受自然。整个铺装增添情趣与魅力特色。

a)

b)

图3-38　边界

| 第四节 | 铺装施工技术 |

【高手必懂知识】常见路面类型施工要点

常见路面类型施工要点，见表3-16。

表3-16　常见路面类型施工要点

类　　型	施　工　要　点
水泥方格砖路面	直接用水泥砂浆做成方格砖铺设路面。水泥宜采用硅酸盐水泥、普通硅酸盐水泥；砂应用中砂和粗砂，含泥量不大于3%；如用石屑代替砂其粒径宜为3～6mm，含泥量不大于3% 水泥砂浆面层宜在垫层或找平层的混凝土或水泥砂浆抗压强度达到1.2MPa后铺设；垫层或找平层表面应粗糙、洁净、湿润；水泥砂浆应采用机械搅拌，搅拌不少于2min，要拌和均匀，颜色一致，其稠度（以标准圆锥体沉入度计）不应大于3.5cm；铺设时，要先用木板隔成宽小于3m的条形区段，并以木板作为厚度标准。抹平工作应在初凝前完成，压光工作应在终凝前完成；水泥砂浆面层铺好后一天内应以木板或锯末覆盖。并在7～10d内每天浇水不少于1次；水泥石屑浆面层的施工按水泥砂浆面层的要求
异型水泥砖路面	用水泥砂浆做成各种不同形状的砖块铺设路面。材料要求和施工要点同上
豆石麻石混凝土路面	用水泥豆石浆或水泥麻石浆抹面的地。水泥豆石浆是采用水泥:豆石＝1:1.25所配合而成的，麻石规格为197mm×76mm。采用砂浆粘贴或干粉型胶黏剂粘贴
预制混凝土块	以水泥为胶结材料，以砂、碎石（卵石）、炉渣、煤矸石等为集料，加水做成薄块状，用于铺筑路面。水泥可采用硅酸盐水泥、普通硅酸盐水泥、矿渣硅酸盐水泥、火山灰质硅酸盐水泥；砂的质量应符合《普通混凝土用砂、石质量及检验方法标准》（JGJ 52—2006）；石的质量应符合《普通混凝土用砂、石质量及检验方法标准》（JGJ 52—2006） 混凝土的配合比应通过计算和试配决定，混凝土浇筑时的坍落度宜为1～3cm；混凝土应拌和均匀；混凝土浇筑完毕后，应在12h以内用草帘覆盖和洒水。洒水养护日期不少于7d
水泥面层	直接用水泥砂浆抹面。水泥宜用硅酸盐水泥、普通硅酸盐水泥，强度等级分别不低于42.5MPa和32.5MPa（如用石屑代替砂时，水泥强度等级不低于42.5MPa）；砂应用中砂或粗砂，含泥量不大于3%；如用石屑代替砂其粒径宜为3～6mm，含泥量不大于3%

115

（续）

类　型	施　工　要　点
水泥面层	水泥砂浆面层宜在垫层或找平层的混凝土或水泥砂浆抗压强度达到 1.2MPa 后铺设；垫层或找平层表面应粗糙、洁净、湿润，在预制钢筋混凝土板上铺设，如表面光滑应予凿毛；水泥砂浆应用机械搅拌，搅拌时间不少于 2min，要拌和均匀，颜色一致，其稠度（以标准圆锥体沉入度计）不应大于 3.5cm；铺设时，应先用木板隔成小于 3m 的条形区域，并以木板作为厚度标准，先刷水灰比为 0.4～0.5 的水泥砂浆，随刷随铺水泥砂浆，随铺随拍实，用刮尺找平，用木抹抹平，铁抹压光，抹平工作应在初凝前完成，压光工作应在终凝前完成；通过管道处水泥砂浆面层因局部过薄，必须采取防止开裂的措施，符合要求后方可继续施工；水泥砂浆面层铺好后一天内应以砂或锯末覆盖，并在 7～10d 内每天洒水不少于一次。如温度高于 15℃时，最初 3～4d 内每天洒水两次；水泥石屑浆面层的施工按水泥砂浆面层的要求，其配合比为 1:2，水灰比为 0.3～0.4。要做好压光和养护工作
卵石面层	素嵌卵石面层是用大小卵石间隔铺成；拼花卵石面层选用精雕的砖、细磨的瓦和经过严格挑选的各色卵石拼凑成的路面。水泥宜采用硅酸盐水泥、普通硅酸盐水泥，其强度等级分别不低于 42.5MPa 和 32.5MPa；卵石粒径不大于面层厚度的 2/3 　　在铺设面层时，应将下一层清理干净、夯实；细石混凝土要捣实压平
大理石地面	大理石构造致密，密度大但硬度不大，易于分割。纯大理石常显雪白色，含有杂质时，呈现黑、红、黄、绿等各种色彩。锯切、雕刻性能好，磨光后非常美丽 　　大理石成品保护即地面层做好后对面层的防护。保护方法为：地面完工后，应在表面覆盖锯末或席子；当室内其他项目尚未完工并且易以破坏地面时，应在面层上粘贴一层纸，现浇 8～10mm 厚石膏加以保护［配合比为石膏粉∶水∶纤维素＝3:1:(0.003～0.005)，先将纤维与水拌和均匀后浇抹］，可有效防止重物撞击面层造成的损伤
糙墁方砖地面	普通砖的原料以砂质黏土为主，其主要化学成分为二氧化硅、氧化铝及氧化铁等。 　　若砖在氧化气氛中烧成后，再在还原气氛中闷窑，促使砖内的红色高价氧化铁还原成低价氧化铁，即得青砖。青砖较普通砖结实，耐碱、耐久，但价格较普通砖贵。青砖一般在土窑中烧成。普通黏土砖的尺寸规定为 240mm×115mm×53mm，若加上砌筑灰缝的厚度，则四块砖长、八块砖宽或十六块砖厚都恰好是 1m，故砖砌体 1m³ 需砖 512 块 　　平铺指砖的平铺形式一般采用"直行""对角线"或"人字形"铺法，在通道内宜铺成纵向的人字纹，同时在边缘的行砖应加工成 45°角。铺砌砖时应挂线，相邻两行的错缝应为砖长的 1/3～1/2。倒铺指采用砖的侧面形式铺砌 　　尺二方砖、尺四方砖、尺七方砖三种砖是以古代尺（清营造尺）规格命名的方砖。尺二方砖是长宽方向均为一尺二，按清营造尺的规格为 1.2 尺×1.2 尺×0.2 尺。而清营造尺一尺为 320mm，故尺二方砖为 384mm×384mm×64mm。尺四方砖是长宽方向均为一尺四，即清营造尺规格为 1.4 尺×1.4 尺×0.2 尺，换算公制为 448mm×448mm×64mm。上述两种砖有一扩大规格，即二尺二方砖和二尺四方砖，清营造尺为 2.2 尺×2.2 尺×0.35 尺和 2.4 尺×2.4 尺×0.45 尺，换算公制为 704mm×704mm×112mm 和 768mm×768mm×144mm。尺七方砖为 1.7 尺×1.7 尺×0.25 尺，即为 540mm×540mm×80mm。它们多用于地面、檐墙等部位
方整石板路面	石板一般被加工成 497mm×497mm×50mm、697mm×497mm×60mm、997mm×697mm×70mm 等规格，其下直接铺 30～50mm 的砂土作找平的垫层，可不做基层；或者以砂土作为中间层，在其下设置 80～100mm 厚的碎（砾）石层作基层也行。石板下不用砂土垫层，而用 1:3 水泥砂浆或 4:6 石灰砂浆作结合层，可以保证面层更坚固和稳定

（续）

类 型	施工要点
碎石板路面	一般采用大理石、花岗石的碎片，价格比较便宜，用来铺地很经济，既装饰了路面，又可减少铺路经费。形状不规则的石片在地面上铺贴出的纹理多数是冰裂缝，使路面显得比较别致
拌石或块石路面	拌石即预制混凝土砌块。预制混凝土砌块按设计有多种形状，大小规格也有很多种，也可做成各种彩色砌块。其厚度不小于80mm，一般厚度设计为100～150mm。砌块基本可分为实心和空心两类。由于砌块是在相互分离的状态下构成路面，使得路面特别是在边缘部分容易发生歪斜、散落，因此，在路面边缘最好设置路牙，以规范路面并对其起保护作用。另外，也可用板材铺砌作为边带。使整个路面更加稳定，不易损坏
拌石或片石蹬道	用预制混凝土条板或片石铺筑成上山的蹬道；片石是指厚度在5～20mm的装饰性铺地材料，常用的主要有大理石、花岗岩、陶瓷锦砖等
碎大理石板路面	用砂浆或其他胶黏剂将大理石与基层牢接形成路面。结合层一般为砂、水泥砂浆或沥青玛琋脂。砂结合层厚度为20～30mm；水泥砂浆结合层厚度为10～15mm；沥青玛琋脂的结合层厚度为2～5mm
蓝机砖地面垫浆	蓝机砖为机制标准青砖，其规格为240mm×120mm×60mm。砖墁地时，用30～50mm厚细砂土或3∶7灰土作找平垫层。它有平铺和侧铺两种铺设方式，但一般采用平铺方式；铺地砖纹也有多种样式
预制磨石地面	预制磨石用水泥将彩色石屑拌和，经成型、研磨、养护、抛光后制成

【高手必懂知识】 路面铺装形式

根据路面铺装材料、装饰特点和园路使用功能，可以把园路的路面铺装形式分为整体现浇、片材贴面、板材砌块铺装、砌块嵌草和砖石镶嵌铺装五类。

1. 整体现浇铺装

整体现浇铺装的路面适用于风景区通车干道、公园主园路、次园路或一些附属道路。园林铺装广场、停车场、回车场等也常常采用整体现浇铺装。采用这种铺装的路面主要是沥青混凝土路面和水泥混凝土路面。

沥青混凝土路面用60～100mm厚泥结碎石作基层，以30～50mm厚沥青混凝土作面层。根据沥青混凝土的集料粒径大小，有细粒式、中粒式和粗粒式沥青混凝土可供选用。这种路面属于黑色路面，一般不用其他方法来对路面进行装饰处理。

水泥混凝土路面的基层可用80～120mm厚碎石层或用150～200mm厚大块石层，在基层上面可用30～50mm粗砂作间层。面层则一般采用C20混凝土，做120～160mm厚。路面每隔10m设伸缩缝一道。对路面的装饰主要是采取各种表面抹灰处理。

2. 片材贴面铺装

片材是指厚度在5～20mm的装饰性铺地材料，常用的片材主要有花岗石、大理石、釉面墙地砖、陶瓷锦砖和陶瓷广场砖等，各种类型片材贴面铺装类型，见表3-17。一般用于小游园、庭园、屋顶花园等面积不太大的地方。如果铺装面积过大，路面造价会太高，经济上不能允许。

表3-17 片材贴面铺装

类　　型	内　　容
石片碎拼铺装	大理石、花岗石的碎片价格较便宜，用来铺地很划算，既装饰了路面，又可减少铺路经费。形状不规则的石片在地面上铺贴出的纹理多数是冰裂纹，使路面显得比较别致
陶瓷广场砖铺装	广场砖多为陶瓷或琉璃质地，产品基本规格是100mm×100mm，略呈扇形，可以在路面组合成直线的矩形图案，也可以组合成圆形图案。广场砖比釉面墙地砖厚一些，其铺装路面的强度也大一些，装饰路面的效果比较好
釉面墙地砖铺装	釉面墙地砖有丰富的颜色和表面图案，尺寸规格也很多，在铺地设计中选择余地很大。其商品规格主要有：100mm×200mm、300mm×300mm、400mm×400mm、400mm×500mm、500mm×500mm等多种
花岗石铺装	这是一种高级的装饰性地面铺装。花岗石可采用红色、青色、芝麻白等多种，要先加工成正方形、长方形的薄片状，才用来铺贴地面。其加工的规格大小，可根据设计而定，一般采取500mm×500mm、700mm×500mm、700mm×700mm、600mm×900mm等尺寸。大理石铺地与花岗石相同
陶瓷锦砖铺装	庭园内的局部路面还可用陶瓷锦砖铺地，如古波斯的伊斯兰式庭院就常见这种铺地。陶瓷锦砖色彩丰富，容易组合地面图纹，装饰效果较好；但铺在路面较易脱落，不适宜人流较多的道路铺装，因此目前采用陶瓷锦砖装饰路面并不多见

片材贴面铺装一般都是在整体现浇的水泥混凝土路面上采用。在混凝土面层上铺垫一层水泥砂浆，起路面找平和结合作用。水泥砂浆结合层的设计厚度为

10～25mm，可根据片材具体厚度而确定；水泥与砂的配合比例采用1:2.5。用片材贴面装饰的路面，其边缘最好要设置路牙石，以便于路边更加整齐和规范。各种片材铺地名称、规格要求、特点、适用范围等情况，见表3-18。

表3-18 各种片材铺地

名 称	规格要求/mm	特 点	适用范围	其 他
青砖	机砖240×115×53，标号150以上 大方砖500×500×100 空隙率小于5%	质地密实的青砖方可作为铺路砖，而目前市场上红砖质地松脆，易于剥落，不宜使用	风格古朴，施工简便，可拼凑成各种图案，适于庭园。古建筑物附近尤为适宜	阴湿的地段路面易生青苔，在坡度较大的阴地不宜使用
混凝土砖	大方砖400×400×75、400×400×100、500×500×100，标号200～250 小方砖250×250×50，标号250	坚固、耐用、平整，反光率大，路面要保持适当的粗糙度。可以做成各种彩色路面	适用于广场、庭园、公园干道，各种形状的花砖适用于公园的各种环境	最好适量加入炭黑以减少反光刺眼
石板路	规模大小不一，但角块不宜小于200～300，厚度不宜小于50	坦率、肃穆、粗矿、自然	自然式的小路或林中的活动场地	不宜通行重型车，否则易断裂、松动
乱石路	石块大小不一，有突出路面的棱角必须凿除，边石要大些方能牢固	粗犷、要求不高的路面	风景区僻野的小路	面层应尽量平整，以利行走，防疲劳
块石路	大石块面大于200厚、100～150，小石块面张80～100厚200直立铺砌	牢固、美观、耐久，整齐的块石铺地肃穆、庄重	适于古建筑物和纪念性建筑物附近	造价较高
卵石路	根据需要规格不一，施工时要注意长扁搭配	排水性好、耐磨，圆润细腻、色彩丰富、装饰性强	适于各种甬路、庭园铺装	易松动脱落，表面不平整、不便清洁
碎大理石片	规格不一，可少量与其他材料混合使用	质地富丽、华贵，装饰性强	由于表面光滑，不宜单独使用	坡地不宜使用

3. 板材砌块铺装

用整形的板材、方砖、预制的混凝土砌块铺在路面作为道路结构面层的，都属于板材砌块铺装形式，其类型和特点，见表3-19。这类铺地适用于一般的散步游览道、草坪路、岸边小路和城市游憩林荫道、街道上的人行道等。

表 3-19   板材砌块铺装

类 型	内 容
黏土砖铺装	用于铺地的黏土砖规格很多，有方砖也有长方砖。方砖及其设计参考尺寸有以下几种：400mm×400mm×60mm；470mm×470mm×60mm；570mm×570mm×60mm；640mm×640mm×96mm；768mm×768mm×144mm。长方砖如：大城砖，480mm×240mm×130mm；二城砖，440mm×220mm×110mm；地趴砖，420mm×210mm×85mm；机制标准青砖，240mm×120mm×60mm 砖墁地时，用30~50mm厚细砂土或3:7灰土作找平垫层。方砖墁地一般采取平铺方式，有错缝平铺和顺缝平铺两种做法。铺地的砖纹在古代建筑庭园中有多种样式。长方砖铺地则既可平铺，也可仄立铺装，铺地砖纹也有多种样式。在古代，工艺精良的方砖价格昂贵，用于高等级建筑室内铺地，被叫做"金砖墁地"。庭园地面满铺青砖的做法则叫"海墁地面"
板材铺装	打凿整形的石板和预制的混凝土板都能用作路面的结构面层。这些板材常用于园路游览道的中带上，作路面的主体部分，也常用作较小场地的铺地材料 石板：一般被加工成497mm×497mm×50mm、697mm×497mm×60mm、997mm×697mm×70mm等规格，其下直接铺30~50mm的砂土作找平的垫层，可不做基层；或者以砂土层作为间层，在其下设置80~100mm厚的碎（砾）石层作基层也行。石板下不用砂土垫层，而用1:3水泥砂浆或4:6石灰砂浆作结合层，可以确保面层更坚固和稳定 混凝土方砖：正方形，常见规格有297mm×297mm×60mm、397mm×397mm×60mm等，表面经翻模加工为方格纹或其他图纹，用30mm厚细砂土作找平垫层铺砌 预制混凝土板：其规格尺寸按照具体设计而定，常见有497mm×497mm、697mm×697mm等规格，铺砌方法同石板一样。不加钢筋的混凝土板其厚度不要小于80mm。加钢筋的混凝土板最小厚度可仅为60mm，所加钢筋直径一般用6~8mm，间距为200~250mm，双向布筋。预制混凝土铺砌板的顶面常加工成光面、彩色水磨石面或露集料面
预制砌块铺装	用凿打整形的石块或用预制的混凝土砌块铺地，是作为园路结构面层使用。混凝土砌块可设计为各种形状、各种颜色和各种规格尺寸的，还可以相互组合成路面的不同图纹和不同装饰色块，是目前城市街道、人行道及广场铺地的最常见材料之一
预制路牙铺装	路牙铺装在道路边缘起保护路面作用，有用石材凿打整形为长条形的，也有按设计用混凝土预制的

4. 砌块嵌草铺装

预制混凝土砌块和草皮相间铺装路面，具有很好地透水、透气性；绿色草皮呈点状或线状有规律地分布，在路面形成好看的绿色纹理，美化了路面。这种具有鲜明生态特点的路面铺装形式越来越受到人们的欢迎。采用砌块嵌草铺装的路面主要用在人流量不太大的公园散步道、小游园道路、草坪道路和庭园内道路等处，一些铺装场地如停车场等也可采用这种路面。

预制混凝土砌块按照设计可有多种形状，大小规格也有很多种，也可做成各种彩色的砌块。但其厚度不小于80mm，一般厚度设计为100~150mm。砌块的形状分为空心和实心两类。由于砌块是在相互分离状态下构成路面，使得路面尤其是在边缘部分容易发生歪斜、散落。因此，在砌块嵌草路面的边缘最好要设置路牙加以规范和对路面起保护作用。另外，也可用板材铺砌作为边带，使整个路面更加稳定，不易损坏。

5. 砖石镶嵌铺装

采用花街铺地的路面用砖、石子、瓦片、碗片等材料，通过镶嵌的方法将园路的结构面层做成具有美丽图案纹样的路面，其装饰性很强，趣味浓郁；但铺装中费时、费工，造价较高，而且路面也不便行走。因此，只在人流不多的庭院道路和一部分园林游览道上才采用这种铺装形式。

镶嵌铺装中，一般用立砖、小青瓦瓦片来镶嵌出线条纹样，并组合成基本的图案。用各色卵石、砾石镶嵌作为色块，填充图形大面，并进一步修饰铺地图案。我国古代花街铺地的传统图案纹样种类颇多，有几何纹、太阳纹、莲花纹、卷草纹、蝴蝶纹、云龙纹、涡纹、宝珠纹、如意纹、回字纹、席字纹、寿字纹等，还有镶嵌出人物事件图像的铺地，如胡人引驼图、奇兽葡萄园、八仙过海图、松鹤延年图、桃园三结义图、凤戏牡丹图、赵颜求寿图、牧童图、十美图等。

【高手必懂知识】当代铺装施工技术

当代铺地是相对古典园林铺地来讲的，指我国新建园林中的铺地纹样。中国现代园林在继承和发扬我国传统园林风格和优秀造园手法的基础上，为广大群众提供和创造了更为丰富多彩的游憩活动场所。这些场所的铺地采用现代材料，运用现代新技术，具有时代风貌。新建园林的这些特点也反映在园林地纹的设计和施工中。

和传统地纹相比，现代铺地具有以下特点：由于游客多，对各种服务设施、管理的需要也相应增多，这一切都要求铺地承受更大的负担。这就要求园林铺地更坚固、耐压、耐磨。铺地的纹样设计重视其装饰风格，地纹简洁、明朗、色彩丰富。现代观念对地纹设计的影响等都使地纹更富于时代感。活动场地和休息岛的布置更符合现代人活动、娱乐和休憩的需要。据调查，人们由在家里看电视走向集体娱乐活动发展，这将对园林和旅游事业带来新的生机，从而影响到园林建设的方方面面。

1. 混凝土铺地砖施工

现代园林由于游人数量很大，运输荷载的增加，传统铺地的砖、卵石、碎石等材料就其强度、平整度和耐久性等方面往往不能满足使用要求。黑色沥青混凝土整体路面虽然能满足上述要求，但其又在美观及与周围环境协调等方面不足。因此，以上铺地材料在国内外都逐渐被混凝土地面砖替代。

（1）常用的混凝土铺地砖。

1）游步道砖。这种砖的厚度通常可为 3～7cm，其形状可以设计得很丰富。它适用于荷载不大的游步道、轻型车道、广场、庭院等的铺装。如果选用的面砖较薄，可在混凝土中加入钢筋。如果基层有足够的刚度，在夯实的素土上增加 5～10cm 的粗砂即可铺装。如做彩色混凝土砖，其彩色层的厚度应为 1cm。混凝土的强度在南方地区为 $150～200kg/cm^2$，而在寒冷的北方地区则需 $400kg/cm^2$。

2）车行道面砖。公园的进出口广场和主干道都应考虑有一定荷载的车辆通过，因此其面砖厚度应为 7～10cm。为了分散可能压在单块砖上的局部荷载，这种砖通常应是不规则形状的。铺砌时可以相互咬住，以增加其抗压能力。通用的混凝土抗压强度为 $500kg/cm^2$。

3）套色混凝土面砖。这种砖是在一块混凝土砖上用不同色彩组成各种图案，适用于路面的镶边，或与其他路面砖拼花使用，能起到装饰路面和广场的作用。它的图案和色彩可以根据环境的要求任意设计，能较为自由地表现各种题材，使路面更好地成为景的组成部分，丰富和加深景的情趣。

（2）施工技术工艺流程。

混凝土地面砖的施工技术工艺流程，见表 3-20。

表 3-20　混凝土地面砖的施工技术工艺流程

步　骤	内　　　容
制胎	制胎是根据设计尺寸，选择有一定刚度的、表面光滑的方木，做成装折方便的框架（做成工具式，不要用钉子钉）。做胎时将框架放在工作台上，在框架内铺一层 3cm 厚的雕塑泥（一般用普通黏土加一些碎棉花）或用白灰膏加适量的碎麻刀。放样后，将花纹剔除，为翻模方便剔除时要上面略大，下面略小，表现光滑，待泥胎风干到七八成（一般夏季半天，冬季适当延长）时即可使用
翻模	在泥胎风干后，在胎上涂刷隔离剂。一般隔离剂应选用不脏构件表面、经济适用、配制简单的原料。常用的隔离剂有废机油和肥皂下脚料等。使用废机油时在泥胎表面均匀地刷 1～2 遍即可；使用肥皂下脚料时，将皂脚按其重量加水 50%，煮沸后使用，现在市场上生产的有一种成品叫软皂可直接使用。其他像清油加火碱等也可作隔离剂，但成本较高。在翻水泥模时切勿损伤花纹、边角，翻好的模子要注意养护，达到强度后方能使用
制砖	制砖的过程与翻模的做法一样，待混凝土初凝后即可脱模，并随即填入彩色水泥。在填入彩色水泥时，要尽量保持砖面的清洁，并在次日使用 8%～12% 的草酸液用细磨石擦洗表面，使砖面的花纹清晰鲜明

（3）彩色水泥的配制。各种彩色水泥的配制是在水泥中加入各种需要的着色剂。着色剂需选用不溶于水的无机矿物颜料，如红色的氧化铁、绿色的氧化铬、黄色的柠檬铬黄、黑色的炭黑等。各种颜色需自行调配，据经验有以下几种

调配方法。

1）配制橙黄色水泥：白水泥 500g、加黄粉 10g、红粉 25g。

2）配制苹果绿色水泥：白水泥 1000g、加绿粉 150g、蓝粉 50g。

3）配制咖啡色水泥：普通水泥 500g、加黄粉 20g、红粉 15g。

4）配制云石：白水泥 1000g、普通水泥 500g、加绿粉 0.25g、蓝粉 0.1g。

从上面的配方中，可以看出如配制浅色、鲜艳的颜色用白水泥，而配深色则可选用普通水泥，并且着色剂的用量一般不超过混凝土中石粉用量的 10%，通常为石粉重量的 1%～5%，根据需要而定。

2. 花岗岩铺装施工

（1）施工技术。

1）垫层施工。将原有水泥方格砖地面拆除后，平整场地，用蛙式打夯机夯实，浇筑 150mm 厚素混凝土垫层。

2）基层处理。检查基层的平整度和标高是否符合设计要求，偏差较大的事先凿平，并将基层清扫干净。

3）找水平、弹线。用 1:2.5 水泥砂浆找平，作水平灰饼，弹线、找中、找方。施工前一天洒水湿润基层。

4）试拼、试排、编号。花岗石在铺设前对板材进行试拼、对色、编号整理。

5）铺设。弹线后先铺几条石材作为基准，起标筋作用。铺设的花岗石事先洒水湿润，阴干后使用。在水泥焦渣垫层上均匀地刷一道素水泥浆，用 1:2.5 干硬性水泥砂浆做粘结层，厚度根据试铺高度决定粘接厚度。用铝合金尺找平，铺设板块时四周同时下落，用橡胶锤敲击平实，并注意找平、找直，如果有锤击空声，需揭板重新增添砂浆，直至平实为止，最后揭板浇一层水灰比为 0.5 的素水泥浆，再放下板块，用锤轻轻敲击铺平。

6）擦缝。待铺设的板材干硬后，用与板材同颜色的水泥浆填缝，表面用棉丝擦拭干净。

7）养护、成品保护。擦拭完成后，面层铺盖一层塑料薄膜，减少砂浆在硬化过程中的水分蒸发，增强石板与砂浆的黏结牢度，确保地面的铺设质量。养护期为 3～5d，养护期禁止上人上车，并在塑料薄膜上覆盖硬纸垫，以保护成品。

（2）花岗岩铺装做法。花岗岩铺装做法，如图 3-39 所示。

3. 雕砖卵石嵌花路施工技术

雕砖卵石嵌花路不仅在我国古典建筑艺术中有着独特的风采，在现代园林中的一些重点部分更需要生动、细腻地表现花草、鸟兽、人物故事等，以加强艺术价值。在铺地中雕砖一般多为平雕，即雕刻的图案完全在一个平面上，也可以用浅浮雕。雕好砖后，按设计要求，将砖墁好，在花饰空白的地方码栽各色石子，形成一幅幅精美的画面。其施工工艺，见表3-21。

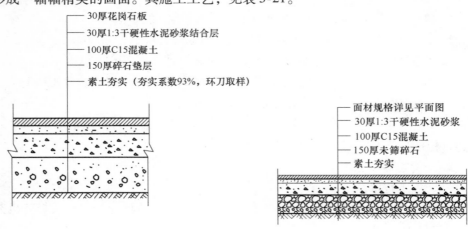

— 30厚花岗石板
— 30厚1:3干硬性水泥砂浆结合层
— 100厚C15混凝土
— 150厚碎石垫层
— 素土夯实（夯实系数93%，环刀取样）

— 面材规格详见平面图
— 30厚1:3干硬性水泥砂浆
— 100厚C15混凝土
— 150厚未筛碎石
— 素土夯实

a)   b)

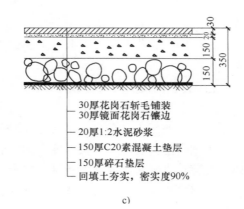

— 30厚花岗石斩毛铺装
  30厚镜面花岗石镶边
— 20厚1:2水泥砂浆
— 150厚C20素混凝土垫层
— 150厚碎石垫层
— 回填土夯实，密实度90%

c)

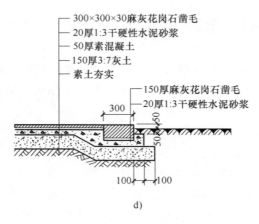

— 300×300×30麻灰花岗石凿毛
— 20厚1:3干硬性水泥砂浆
— 50厚素混凝土
— 150厚3:7灰土
— 素土夯实

— 150厚麻灰花岗石凿毛
— 20厚1:3干硬性水泥砂浆

d)

图 3-39　花岗岩铺装做法

表 3-21 雕砖卵石嵌花路施工工艺

步 骤	内 容
雕砖	雕砖俗称硬花活，其雕刻的程序如下： 画样：雕刻的砖应事先按要求砍磨加工好，用笔在砖上画出雕刻的纹样，其题材应根据需要选择好 耕：在砖面上，用最细的钻子沿画面的笔迹线细细地走一遍叫"耕"，其目的是防止笔迹线在雕刻的过程中被涂抹掉 钉窟窿：将形象以外的部分钉除，钉出图案纹样的轮廓，钉孔的深度为 2.5cm 见细：又称捅道，是将图案中细微的部分雕刻清晰
墁砖	墁砖，首先是把已夯好的路基表面耙松、找平，然后按下列程序墁砖 样趟：在牙子砖的外面，先坐灰泥（4:6 的白灰和土）然后摆砖，并用礅锤轻轻拍打，目的是检查坐灰的高度是否达到表面平顺，与灰泥结合得是否密实、砖缝是否对得严整 揭趟：将墁好的砖再揭起来，在不合格的砖上做好记号，并重新调整好，按次序排好，以便对号入座 铺面层：在找平的灰泥土上泼洒白灰浆，俗称"坐浆"，同时用麻刷蘸水将砖的侧面刷湿，在砖的里口抹上油灰（传统方法是用桐油、白灰、青灰、白面调制而成。现在常用 3:2:0.5:2 的水泥、耐火土、桐油加水调配而成）按原位置将砖墁好
栽卵石	墁好的砖上，在钉出的花饰空白的地方抹上油灰（或水泥），按设计纹样的要求栽上石子。选石子时，卵石的色彩对比要强烈，石子要排齐码顺，拍打平整。用生灰粉面将表面的油灰揉搓清扫干净，或用草酸刷洗干净，用湿麻袋盖好，养护数日

4. 透水性路面

透水性路面是指能使雨水通过、直接渗入路基的人工铺筑路面。它具有的优点：能改善植物和土壤、微生物的生存条件和生活环境；有利于降低城市噪声；有利于改善城市的生活环境；减少对公共水域的污染，减少城市雨水管道的设施和负担；蓄养地下水源，增加路面的空气湿度，减少热辐射等；增加路面的抗滑性能，改善步行条件。由此可知，其具有使水还原于地下的性能。

透水性路面的适用范围是人行道、居住区小路、公园路和通行轻型交通车及停车场等地的路面。透水性路面有五种，见表 3-22。

表 3-22 透水性路面铺装

类 型	内 容
嵌草路面	嵌草路面有两种类型：一种是在块料路面铺装时，块料与块料之间留有空隙，在其空隙间种草，如冰裂纹嵌草路，空心砖纹嵌草路和人字纹嵌草路等；另一种是制作成可以种草的各种纹样的混凝土路面砖，如图 3-40 所示。这种路面与块料或混凝土统铺路面相比，具有较好的透水、透气性能，能降低路面的地表温度，易与自然环境相协调，但路面的强度和平整度不够，故不能行车，只能用于步行小路或在小庭院使用。在北方城市，由于气候干燥，特别是在游人多的地方，所栽的草不易成活

（续）

类　型	内　　　容
彩色混凝土透水透气性路面	采用预制彩色混凝土异型步道砖为骨架，与无砂水泥混凝土组合而成的组合式面层，一般采用单一粒级的粗集料，不用或少用细集料，并以高标号水泥为胶凝材料配制成多孔混凝土。其空隙率达 43.2%，步道砖的抗折强度不低于 4.5MPa，无（少）砂混凝土抗折强度不低于 3MPa，因此具有强度较高，透水效果好的性能 　　基层选用透水性和蓄水性能较好、渗透系数不小于 10^{-3} cm/s 又具有一定强度和稳定性的天然级配砂砾、碎石或矿渣等组成。过滤层是在雨水向地下渗透过程中起过滤作用，并防止软土路基土质污染基层而设。过滤层材料的渗透系数应略大于路基土的渗透系数。为确保土基具有足够的透水性，路基土质的塑性指数不宜大于 10，应防止在重黏土路基上修筑透水性路面。修整工路基时，其压实度宜控制在重型击实标准的 87% ~90%。其构造，如图 3-41 所示
透水性沥青铺装	这种路面通常用直馏石油沥青。在车行道上，为提高集料的稳定和改善耐久性，有必要使用掺橡胶和树脂等办法改善沥青的性质。上层粗集料为碎石、卵石、砂砾石、矿渣等，下层细集料用砂、石屑，并要求清洁，不能含有垃圾、泥土及有机物等。石粉主要使用石灰岩粉末，为防止剥离，可与消石灰或水泥并用。掺料为总料重量的 20% 左右。对于黏性土这种难于渗透的土路基，可在垂直方向设排水孔、灌入砂子等。常用透水性沥青铺地，如图 3-42 和图 3-43 所示
透水砖铺装	透水砖的主要生产工艺是将煤矸石、废陶瓷、长石、高岭土、黏土等粒状物与结合剂拌和、压制成型，进入高温煅烧而成具有多孔的砖。其材料强度高、耐磨性好
改善粗砂铺装	在普通粗砂路结构层不变的情况下，面层加防尘剂。该防尘剂以羧基丁苯胶乳为主要成分。其胶结性好、渗透性强，不影响土壤的多孔性、透水性，不污染环境，不影响植物生长。刮 8 ~9 级大风不扬尘。其做法同透水性人行道路面

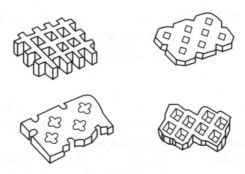

图 3-40　混凝土预制路面砖

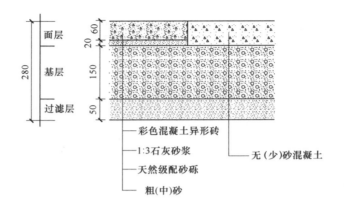

图 3-41　透水性路面结构图

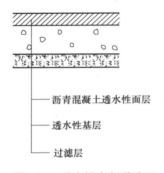

图3-42　透水性车行道路面

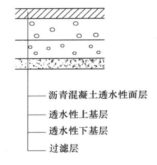

图3-43　透水性人行道路面

5. 彩色地坪工艺

彩色地坪是使用预拌材料，在新浇混凝土表面采用干撒法施工，粉料很容易抹入新浇混凝土表面，经固化后，保证了耐磨硬化地面与基层混凝土的整体结合，克服了普通混凝土表面易起砂、起鼓、裂缝等常见缺点，并使之具有高密度、高硬度、高耐磨、抗腐蚀的特性。适用于所有需要承受繁忙交通负荷的工作领域，如仓库及货物堆放区、工业厂房、车间地面停车场、超市、医院、学校、球场等。

彩色地坪随表面处理方法的不同而变化，不易打滑，其表面肌理达到天然材料的效果，例如板岩、砂岩、花岗岩、石灰石、木头和圆石等。图案、颜色、纹理可任意组合。

彩色地坪的施工过程，见表3-23。

表 3-23　彩色地坪的施工过程

步　骤	内　容
支模板打垫层	在浇筑区外围打上模板，用钉子打牢。在浇筑区域内铺一层碎砖石，并夯实，形成坚实的基础
摊铺、着色	由内到外的顺序，在场内的一端开始浇筑混凝土，对表面进行粗抹。干撒彩色强化剂，并进行粗抹使其与混凝土形成整体
抹平收光、抛撒彩色脱模剂	弥补前期工程遗留的缺陷，形成平滑的表面。抛撒彩色脱模剂起到脱模、养护和二次着色的作用
压印	用选定好的模具进行压印，实现不同的纹理和款式
后期处理	压印结束后需对混凝土进行养护、切割伸缩缝、清洗、修补、密封等处理，才能达到最终的装饰效果

第四章

园桥工程

第一节	园 桥 设 计

【新手必懂知识】园桥选址

园桥所在的环境主要是园林水环境，但也有少数情况下可作为旱桥布置在没有水面的地方。园桥选址主要有五种情况。

1. 在水面最窄处或靠近较窄的地方设园桥

园路与河渠、溪流交叉处在水面最窄处或靠近较窄的地方设置园桥，把中断的路线连接起来。原则上，桥址应选在两岸之间水面最窄处或靠近较窄的地方；附近有窄水面不利用，而将园桥设在宽水面处，会增加造桥费用，并给人矫揉造作之感。跨越带状水体的园桥，造型可比较简单，有时甚至只搭上一个混凝土平板就可作为小桥，但其造型要做得小巧别致，富于情趣。

2. 大水面设较长的园桥

在大水面上造桥，最好采用曲桥、廊桥、栈桥等比较长的园桥。桥下不通游船时，桥面可设计得低平一些，使人更接近水面。桥下需要通过游船时，则可把部分桥面抬高，做成拱桥样式。在湖中岛屿靠近湖岸的地方一般也要布置园桥，要根据岛、岸间距离决定设置长桥还是短桥。在大水面沿边与其他水道相交接的水口处设置拱桥或其他园桥，可以增添岸边景色。

3. 小水面适宜设体量较小、造型简洁的园桥

庭园水池或一些面积较小的人工湖适宜布置体量较小、造型简洁的园桥。用桥来分隔水面，则小曲桥、拱桥、汀步等都可选用。但是要注意，小水面尤其忌讳从中部均等分隔，均等分隔就意味着没有主次之分，无法突出水景重点。

4. 在假山断岩处将园桥做成天桥造型

为了连接中断的假山蹬道，将园桥布置在假山断岩处，做成天桥造型。这能够给人奇特有趣的感受，丰富假山景观。在风景区游览小道延伸至无路的峭壁前，可以架设栈道通过峭壁。

5. 在山壁边或水边设栈道

在植物园的珍稀草本植物展区或动物园的珍稀小动物展区，架设栈桥将游人引入展区，游人在栈桥上观赏植物或动物，与观赏对象更加接近，同时又可使展区地面环境和动植物展品受到良好的保护。在园林内的水生及沼泽植物景区，也可采用栈桥形式，将人们引入沼泽地游览观景。

【新手必懂知识】设计步骤

收集设计资料和技术指标（地形、地质、气象水文、荷载、道路等级等）；进行总体方案设计（纵向线路、桥式方案比选、横断面设计等）；着手详细设计（重要构件的尺寸拟定和细节设计）；手算或软件计算各项指标参数（成桥阶段内力和变形、施工阶段内力和变形）针对软件计算；根据相关规范进行强度、刚度、稳定性验算（钢结构还应做疲劳验算）。

【新手必懂知识】设计要点

园桥的设计需要注意以下五点。

1. 桥的造型体量应与园林环境、水体大小协调

大型水面空间开阔，为突出水景效果，常取多孔拱桥，桥的体量与水体大小应相称，如北京颐和园的十七孔桥（图4-1）。小型水面常建单跨平桥或折桥，使人能接近水面，如南京瞻园小曲桥（图4-2）；而平静小水面及小溪流，常设贴近水面的小桥，或汀步过水，使人接近水面，远观也不使空间割断。

图4-1　颐和园十七孔桥

图4-2　南京瞻园小曲桥

2. 桥的栏杆是丰富桥体造型的重要因素

栏杆的高度要合乎安全需要，也要与桥体大小宽度相协调，如苏州园林小桥一般只设低的坐凳栏杆，其造型也很简洁，甚至有些小桥只设单面栏杆或不设栏杆以突出桥的轻快造型，如图4-3所示。

图4-3　拙政园小飞虹

3. 桥与岸相接处，要处理得当以免生硬呆板

常以灯具、雕塑、山石、花木丰富桥体与岸壁的衔接，桥头装饰有显示桥位、增加安全的作用，因此这些装饰物兼有引导交通的作用，绝不可阻碍交通。

4. 桥上与桥下的交通要求

桥体尺度除应考虑水体大小、道路宽度及造景效果外，还要满足功能上通车，行船的高度、坡度要求。为满足人流集散与停留观景等要求，常设置桥廊及桥头小广场。

5. 桥的照明

桥上灯具，具有良好的桥体装饰效果，在夜间游园更有指示桥的位置及照明的作用。灯具可结合桥的体形、栏杆及其他装饰物统一设置，使其更好突出桥的景观效果，尤其夜间的景观。

第二节　园桥施工

【高手必懂知识】施工准备

园桥施工前，必须对设计文件、图样、资料进行现场研究和核对；查明文件、图样、资料是否齐全，如果发现图样、资料欠缺、错误、矛盾必须向业主提出补全和更正。如果发现设计与现场有出入，必要时应进行补充调查。小桥涵开工前应依据设计文件和任务要求编制施工方案，其中包括：编制依据、工期要求、材料和机具数量、施工方法、施工力量、进度计划、质量管理等。同时应编制实施施工组织设计，使施工方案具体化，一般小桥涵的施工组织设计可配合路基施工方案编制。

【高手必懂知识】施工前测量

（1）对业主所交付的小桥涵中线位置桩、三角网基点桩、水准点桩及其测量资料进行检查、核对，如果发现桩志不足，有移动现象或测量精度不足，应按规定要求精度进行补测或重新核对并对各种控制进行必要的移设或加固。

（2）补充施工需要的桥涵中线桩、墩台位置桩、水准基点桩及必要的护桩。

（3）当地下有电缆、管道或构造物靠近开挖的桥涵基础位置时，应对这些构造物设置标桩。监理工程师应当检查承包商所确定的桥涵位置是否符合设计位置，如果发现有可疑之处，应要求承包商提供测量资料，检查测量的精度，必要时可要求承包商复测。

【高手必懂知识】 基础施工

园桥的结构物基础根据埋置深度分为浅基础和深基础，小桥涵常用的基础类型是天然地基上的浅基础，当设置深基础时常采用桩基础。基础所用的材料大多为混凝土或钢筋混凝土结构，石料丰富地区也常采用石砌基础。

扩大基础的施工一般采用明挖的方法，当地基土质较为坚实时，可采取放坡开挖，否则应作各种坑壁支撑；在水中开挖基坑时，应预先修筑围堰，将水排干，然后再开挖基坑。明挖扩大基础的施工主要内容包括定位放样、基坑开挖、基坑排水、基底处理与圬工砌筑。

1. 定位放样

在基坑开挖前，需进行基础的定位放样工作，即将设计图上的基础位置准确地设置到桥址位置上来。基坑各定位点的标高及开挖过程中标高检查应按一般水准测量方法进行。如图 4-4 所示为桥台基础定位放样。

2. 基坑开挖

基坑开挖应根据土质条件、基坑深度、施工期限以及有无地表水

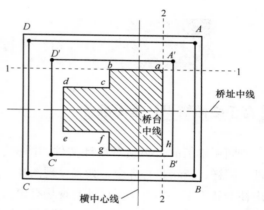

图 4-4　桥台基础定位放样示意图

或地下水等因素采用适当的施工方法，各类型基坑开挖方法，见表 4-1。

表 4-1　基坑开挖方法

类　　型	方　　法
不加支撑的基坑开挖	常用基坑的形式，如图 4-5 所示。对于一般小桥涵的基础、工程量不大的基坑，可以采用人工施工。施工时，应注意以下几点： 　1）在基坑顶缘四周适当距离处设置截水沟，并防止水沟渗水，以免地表水冲刷坑壁，影响坑壁稳定性 　2）坑壁边缘应留有护坡道，静荷载距坑边缘不少于 0.5m，动荷载距坑边缘不少于 1.0m；垂直坑壁边缘的护坡道还应适当增宽；水文地质条件欠佳时应有加固措施 　3）基坑施工不可延续时间过长，自开挖至基础完成，应抓紧时间连续施工 　4）如果用机械开挖基坑，挖至坑底时应保留不少于 30cm 的厚度，在基础浇筑圬工前人工挖至基底标高

（续）

类　型	方　法
有支撑的基坑开挖	土质不易稳定并有地下水等影响，或施工现场条件受限时，可采用有支撑的基坑。常用的坑壁支撑形式有：直衬板式坑壁支撑、横衬板式坑壁支撑、框架式支撑及其他形式的支撑（如锚桩式、锚杆式、锚碇板式、斜撑式等），如图4-6所示
水中基础的基坑开挖	桥梁墩台基础常常位于地表水位以下，有时水的流速还较大，施工时应在无水或静水的条件下进行。桥梁水中基础开挖最常用的方法是围堰法。围堰的作用主要是防水和围水，有时还起支撑基坑壁的作用。施工时应注意如下要点： 　1）围堰顶宜高出施工期间最高水位70cm以上，最低不应小于50cm，用于防御地下水的围堰宜高出水位或地面20～40cm 　2）围堰外形应适应水流排泄，大小不应压缩流水截面过多，堰身截面尺寸应保持有足够的强度和稳定性，使基坑开挖后围堰不致发生破裂、滑动或倾覆 　3）一般应安排在枯水期进行

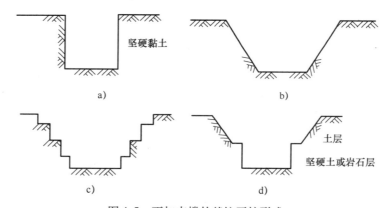

图4-5　不加支撑的基坑开挖形式
a）垂直坑壁　b）斜坡坑壁　c）阶梯坑壁　d）上层斜坡下层垂直坑壁

3. 基坑排水

基坑排水的方法有两种，即集水排坑法和井点排水法。

（1）集水坑排水法。集水坑底宽不小于0.3m，纵坡为0.1%～0.5%，一般设在下游位置，坑深应大于进水笼头高度，并用荆笆、竹篾、编筐或木笼围护，以避免泥沙阻塞吸水笼头。

（2）井点排水法。当土质较差有严重流沙现象，地下水位较高，挖基较深，坑壁不易稳定，用普通排水方法很难解决，这时可采用井点排水法。

4. 基底处理

天然地基基础的基底土壤好坏对基础、墩台以及上部结构的影响很大，一般应进行基底的处理工作，具体处理方法，见表4-2。

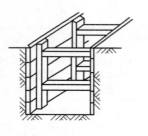
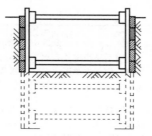

横衬板支撑一次完成　　　　　　横衬板支撑分段完成

a)

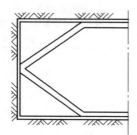
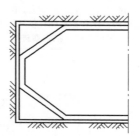

框架人字形支撑　　　　　　框架八字形支撑

b)

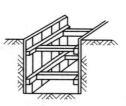
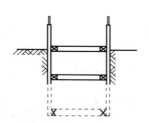

直衬板支撑一次完成　　　　　　直衬板支撑分段完成

c)

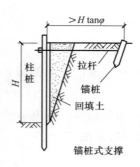
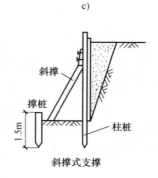
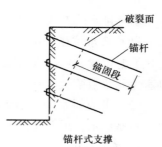

锚桩式支撑　　　　　斜撑式支撑　　　　　锚杆式支撑

d)

图 4-6　有支撑的基坑形式

表4-2 基底处理方法一览表

基底地质	处理方法
岩层	1）风化的岩层基底应清除岩面碎石、石块、淤泥、苔藓等 2）风化的岩层基底，其开挖基坑尺寸要少留或不留富余量，灌注基础圬工同时将坑底填满，封闭岩层 3）岩层倾斜时，应将岩面凿平或凿成台阶，使承重面与重力线垂直，以免滑动 4）砌筑前，岩层表面用水冲洗干净
黏土层	1）铲平坑底时，不能扰动土壤天然结构，不得用土回填 2）必要时，加铺一层10cm厚的夯填碎石，碎石面不得高出基底设计标高 3）基坑挖完处理后，应在最短期间砌筑基础，防止暴露过久变质
碎石及砂类土壤	承重而应修理平整夯实，砌筑前铺一层2cm厚的浓稠水泥砂浆
湿陷性黄土	1）基底必须有防水措施 2）根据土质条件，使用重锤夯实、换填、挤密桩等措施进行加固，改善土层性质 3）基础回填不得使用砂、砾石等透水土壤，应用原土加夯封闭
冻土层	1）冻土基础开挖宜用天然或人工冻结法施工，并应保持基底冻层不融化 2）基底设计标高以下，铺设一层10～30cm厚的粗砂或10cm厚的冷混凝土垫层，作为隔热层
软土层	1）基底软土深度小于2m时，应将软土层全部挖除，换以中、粗砂、砾石、碎石等力学性质较好的填料，分层夯实 2）软土层深度较大时，应布置砂桩（或砂井）穿过软土层，上层铺砂热层
溶洞	1）暴露的溶洞应用浆砌片石，混凝土填充，或填砂、砾石后，压水泥浆充实加固 2）检查有无隐蔽溶洞，在一定深度内钻孔检查 3）有较深的溶沟时，也可作钢筋混凝土盖板或梁跨越，也可改变跨径避开
泉眼	1）插入钢管或做木井，引出泉水使与圬工隔离，以后用水下混凝土填实 2）在坑底凿成暗沟，上放盖板，将水引出至基础以外的汇水井中抽出，圬工硬化后，停止抽水

5. 圬工砌筑

在基坑中砌筑基础圬工，可分为无水砌筑、排水砌筑和水下灌筑三种情况。基础圬工用料应在挖基完成前准备好，以确保能及时砌筑基础，防止基底土壤变质。

（1）排水砌筑。这是保证在无水状态下的砌筑圬工。禁止带水作业及用混凝土将水赶出模板外的灌注方法；基础边缘部分应严密隔水；水下部分圬工必须待水泥砂浆或混凝土终凝后方可允许浸水。

（2）水下灌筑。该法一般只有在排水困难时采用。基础圬工的水下灌筑分为水下封底和水下直接灌筑基础两种。前者封底后仍要排水再砌筑基础，封底只是起封闭渗水的作用，其混凝土只作为地基而不作为基础本身，适用于板桩围堰开挖的基坑。水下封底混凝土为满足防渗漏的要求，最小厚度一般为2m左右。水下混凝土的灌注方法采用的是垂直移动导管法，如图4-7和图4-8所示。对于大体积的封底混凝土，可分层分段逐次灌注。对于强度要求不高的围堰封底水下混凝土，也可以一次由一端逐渐灌注到另一端。采用导管法灌注水下混凝土要注意几个问题：导管应试拼装，充水加压，检查导管有无漏水现象；为使混凝土有良好的流动性，粗集料粒径以2~4cm为宜；必须确保灌注工作的连续性，在灌注过程中正确掌握导管的提升量，埋入深度一般不应小于0.5m。

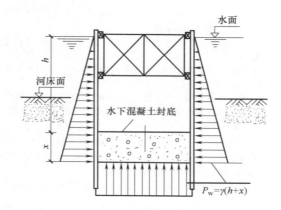

图4-7　基础的封底混凝土

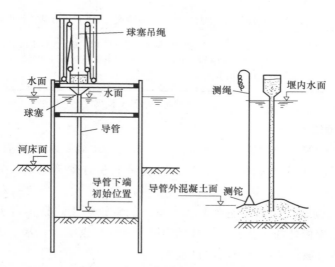

图4-8　垂直导管法灌注水下混凝土

【高手必懂知识】桥基、桥身施工

桥基是介于墩身与地基之间的传力结构。桥身是指桥的上部结构，包括人行道、栏杆与灯柱等部分。

1. 基础与拱碹工程施工

基础与拱碹工程施工过程，见表4-3。

表4-3 基础与拱碹工程施工过程

施工过程	内　　容
模板安装	模板是施工过程中的临时性结构，对梁体的制作十分重要。桥梁工程中常用空心板梁的木制芯模构造。模板在安装过程中，为防止壳板与混凝土黏结，通常需在壳板面上涂以隔离剂，如石灰乳浆、肥皂水等
钢筋成形绑扎	在钢筋绑扎前要先拟定安装顺序。一般的梁肋钢筋，先放箍筋，再安装下排主筋，后安装上排钢筋
混凝土搅拌	混凝土一般应采用机械搅拌，上料的顺序一般是先石子，次水泥，后砂子。人工搅拌只许用于少量混凝土工程的塑性混凝土或硬性混凝土。不管采用机械或人工搅拌，都应使石子表面包满砂浆、拌合料混合均匀、颜色一致 人工拌和应在铁板或其他不渗水的平板上进行，先将水泥和细集料拌匀，再加入石子和水，拌至材料均匀、颜色一致为止，如果需掺外加剂，应先将外加剂调成溶液，再加入拌合水中，与其他材料拌匀
浇捣	当构件的高度（或厚度）较大时，为确保混凝土能振捣密实，应采用分层浇筑法。浇筑层的厚度与混凝土的稠度及振捣方式有关。在一般稠度下，用插入式振捣器振捣时，浇筑层厚度为振捣器作用部分长度的1.25倍；用平板式振捣器时，浇筑厚度不超过20cm。薄腹T梁或箱形的梁肋，当用侧向附着式振捣器振捣时，浇筑层厚度一般为30～40cm。采用人工捣固时，视钢筋密疏程度，通常取浇筑厚度为15～25cm
养护	在混凝土终凝后，在构件上覆盖草袋、麻袋、稻草或砂子，经常洒水，以保持构件经常处于湿润状态。这是5℃以上桥梁施工的自然养护
灌浆	石活安装好后，先用麻刀灰对石活接缝进行勾缝（如缝很细，可勾抹油灰或石膏）以免灌浆时漏浆。灌浆前最好先灌注适量清水，以湿润内部空隙，有利于灰浆的流动。灌浆应在预留的"浆口"进行，一般分三次灌入，第一次要用较稀的浆，后两次逐渐加稠，每次相隔3～4h。灌完浆后，应将弄脏的石面洗刷干净

2. 细石安装

（1）石活的连接方法。

1）构造连接。构造连接是指将石活加工成公母榫卯、做成高低企口的"磕绊"、剔凿成凸凹企口等形式，进行相互咬合的一种连接方式。

2）铁件连接。铁件连接是指用铁制拉接件，将石活连接起来，如铁"拉扯"、铁"银锭"、铁"扒锔"等。铁"拉扯"是一种长脚丁字铁，将石构件打凿成丁字口和长槽口，埋入其中，灌入灰浆；铁"银锭"是两头大，中间小的铁件，需将石构件剔出大小槽口，将银锭嵌入；铁"扒锔"是一种两脚扒钉，将石构件凿眼钉入。

3）灰浆连接。灰浆连接是最常用的一种方法，该法采用铺垫坐浆灰、灌浆汁或灌稀浆灰等方式进行砌筑连接。灌浆所用的灰浆多为桃花浆、江米浆或生石灰浆。

（2）细石安装工程。

1）砂浆。一般用水泥砂浆，即水泥、砂、水按一定比例配制成的浆体。对于配制构件的接头、接缝加固、修补裂缝应采用膨胀水泥。运输砂浆时，要确保砂浆具有良好的和易性，和易性良好的砂浆容易在粗糙的表面抹成均匀的薄层，砂浆的和易性包括流动性和保水性两个方面。

2）金刚墙。它是券脚下的垂直承重墙，即现代的桥墩，又称为"平水墙"。梢孔（即边孔）内侧以内的金刚墙一般做成分水尖形，故又称为"分水金刚墙"。梢孔外侧的称为"两边金刚墙"。

3）碹石。古时多称券石，在碹外面的称为碹脸石，在碹脸石内的称为碹石，主要是加工面的多少不同，碹脸石可雕刻花纹，也可加工成光面。

4）檐口和檐板。建筑物屋顶在檐墙的顶部位置称为檐口，钉在檐口处起封闭作用的板称为檐板。

5）型钢。它是断面呈不同形状的钢材的统称，断面呈 L 形的称为角钢，呈 U 形的称为槽钢，呈方形的称为方钢，呈圆形的称为圆钢，呈 T 形的称为 T 字钢，呈工字形的称为工字钢。将在炼钢炉中冶炼后的钢液注入锭模，浇注成柱状的是钢锭。

3. 混凝土构件

混凝土构件制作的工程内容有模板制作、安装、拆除、钢筋成形绑扎、混凝土搅拌运输、浇捣、养护等全过程，具体内容，见表4-4。

表4-4　混凝土构件制作的过程

过　　程	内　　容
模板制作	模板制作应注意： 1）木模板配制时要注意节约，考虑周转使用以及以后的适当改制使用 2）配制模板尺寸时，应考虑模板拼装结合的需要 3）拼制模板时，板边要找平直，接缝严密，不漏浆；木料上有节疤、缺口等疵病的部位，应放在模板反面或者截去，钉子长度一般宜为木板厚度的 2~2.5 倍 4）直接与混凝土相接触的木模板宽度应不宜大于20cm；工具式木模板宽度应不宜大于15cm；梁和板的底板，如果采用整块木板，其宽度不加限制

（续）

过　程	内　　容
模板制作	5）混凝土面不做粉刷的模板，一般宜刨光 6）配制完成后，不同部位的模板要进行编号，写明用途，分别堆放，备用的模板要遮盖保护，以免变形
模板安装	主要是用定型模板和配制以及配件支撑件根据构件尺寸拼装成所需模板。及时拆除模板，将有利于模板的周转和加快工程进度。拆模要把握时机，应使混凝土达到必要的强度，要注意下列几点： 　　1）拆模时不要用力过猛过急，拆下来的木料要及时运走、整理 　　2）拆模程序一般是后支的先拆，先支的后拆；先拆除非承重部分，后拆除承重部分。重大复杂模板的拆除，应预先制订拆模方案 　　3）定型模板，特别是组合式钢模板要加强保护，拆除后逐块传递下来，不得抛掷，拆下后，立即清理干净，板面涂油，按规格堆放整齐，以便于再用。如果背面油漆脱落，应补刷防锈漆

【高手必懂知识】桥面施工

　　桥面是指桥梁上构件的上表面。通常布置要求为线型平顺，与路线顺利搭接。桥梁在平面上宜做成直桥，特殊情况下可做成弯桥，如采用曲线形，应符合线路布设要求。桥梁平面布置应尽可能采用正交方式，避免与河流或桥上路线斜交。如果受条件限制，跨线桥斜度不宜超过15°，在通航河流上不宜超过15°。

　　梁桥的桥面通常由桥面铺装、防水和排水设施、伸缩缝、人行道、栏杆、灯柱等构成，具体内容，见表4-5。

表4-5　桥面施工过程

过　程	内　　容
桥面铺装	桥面铺装的作用是防止车轮轮胎或履带直接磨耗行车道板，保护主梁免受雨水侵蚀，分散车轮的集中荷载 　　桥面铺装的要求是：具有一定强度，耐磨，避免开裂。桥面铺装一般采用水泥混凝土或沥青混凝土，厚为6~8cm，混凝土强度等级不低于行车道板混凝土的强度等级。在不设防水层的桥梁上，可在桥面上铺装厚为8~10cm有横坡的防水混凝土，其强度等级也不得低于行车道板的混凝土强度等级。石桥面铺筑一般用石板、石条铺砌桥面，在桥面铺石层下应做防水层，采用1mm厚沥青和石棉沥青各一层作底。石棉沥青用七级石棉30%、60#石油沥青70%混合而成。在其上铺沥青麻布一层，再敷石棉沥青和纯沥青各一道作防水面层
桥面排水和防水	桥面排水是借助于纵坡和横坡的作用使雨水迅速汇向集水碗，并从泄水管排出桥外。横向排水是在铺装层表面设置1.5%~2%的横坡度，横坡的形成通常是铺设混凝土三角垫层构成，对于板桥或就地建筑的肋梁桥，也可在墩台上直接形成横坡，而做成倾斜的桥面板

（续）

过　程	内　容
桥面排水和防水	桥面排水：当桥面纵坡度大于2%而桥长小于50m时，桥上可不设泄水管，而在车行道两侧设置流水槽以免雨水冲刷引道路基，当桥面纵坡度大于2%但桥长大于50m时，应沿桥长方向每隔12～15m设置一个泄水管，若桥面纵坡度小于2%，则应将泄水管的距离减小至6～8m 桥面防水：将渗透过铺装层的雨水挡住并汇集到泄水管排出。一般可在桥面上铺8～10cm厚的防水混凝土，其强度等级一般不低于桥面板混凝土强度等级。当对防水要求较高时，为了避免雨水渗入混凝土微细裂纹和孔隙，保护钢筋时，可以采用"三油三毡"防水层
伸缩缝	为确保主梁在外界变化时能自由变形，需要在梁与桥台之间，梁与梁之间设置伸缩缝（也称变形缝）。伸缩缝的作用除确保梁自由变形外，还可使车辆在接缝处平顺通过，避免雨水及垃圾泥土等渗入，其构造应方便施工安装和维修。常用的伸缩缝有：U形镀锌薄钢板式伸缩缝、橡胶伸缩缝、木板伸缩缝。伸缩缝的做法，如图4-9所示
人行道、栏杆和灯柱	城市桥梁一般均应设置人行道，人行道一般采用肋板式构造 栏杆是桥梁的防护设备，城市桥梁栏杆应该美观实用、朴素大方，栏杆高度通常为1.0～1.2m，标准高度为1.0m。栏杆柱的间距一般为1.6～2.7m，标准设计为2.5m 城市桥梁应设照明设备，照明灯柱可以设在栏杆扶手的位置上，也可靠近边缘石处，其高度一般高出行车道5m左右
梁桥的支座	梁桥支座的作用是将上部结构的荷载传递给墩台，同时确保结构的自由变形，使结构的受力情况与计算简图一致 梁桥支座一般按桥梁的跨径、荷载等情况分为：简易垫层支座、弧形钢板支座、钢筋混凝土摆柱、橡胶支柱。桥面的一般构造，如图4-10所示

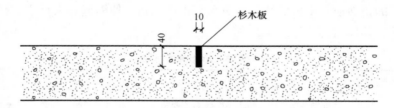

图4-9　伸缩缝做法

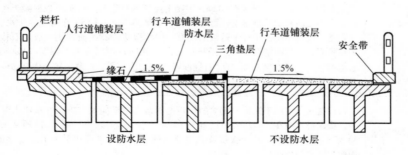

图4-10　桥面的一般构造

【高手必懂知识】栏杆

1. 栏杆的种类

（1）裈杖栏板。裈杖栏板在两栏杆柱之间的栏板中最上面为一根圆形模杆的扶手，即为持杖；其下由雕刻云朵状石块承托，此石块称为云扶；再下为瓶颈状石件，称为瘿项，支立于盆臀之上；再下为各种花饰的板件。

（2）罗汉栏板。罗汉栏板只有栏板而没有望板，在栏杆端头用抱鼓石封头。位于雁翅桥面里端拐角处的柱子称为"八字折柱"，其余的栏杆柱都称为"正柱"或"望柱"，简称栏杆柱，如图4-11所示。

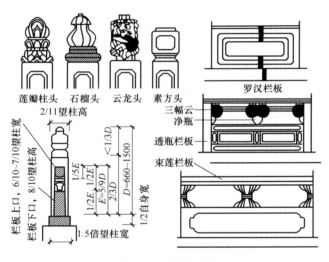

图4-11 栏杆式样

（3）栏杆地栿。栏杆地栿是栏杆和栏板最下面一层的承托石，在桥长正中带弧形的称为"罗锅地栿"，在桥面两头的称为"扒头地栿"。

（4）其他栏杆。金属栏杆是指布置在楼梯段、平台边缘或走廊等边缘外，有一定刚度和安全性的保护设施。它一般多用方钢、圆钢、扁钢等型钢焊接而成。方钢多为 15 ~ 25mm，圆钢为 φ16 ~ 25mm，扁钢多为（30 ~ 50）mm ×（3 ~ 6）mm，钢管多为 φ20 ~ 50mm，栏杆高度 900 ~ 1100mm，栏杆垂直件的空隙不应大于 110mm。

栏杆与楼段的连接通常有三种方法：在楼段与栏杆的对应位置预埋铁件焊接；预留孔洞用细石混凝土填实；电锤钻孔膨胀螺栓固定。

2. 其他问题

（1）防潮。防潮层的材料和具体做法如下：

1）防水砂浆防潮层。具体做法是抹一层 25mm 厚 1:2.5 水泥砂浆，掺入适量的防水剂，一般为水泥用量的 5%，以代替油毡等防水材料。

2）油毡防潮层。在防潮层部位先抹 20mm 厚砂浆找平层，然后做一毡二油，油毡的宽度应比找平层每侧宽 10mm，油毡沿长度方向铺设，其搭接长度应大于 100mm。

3）混凝土防潮层。由于混凝土本身具有一定的防水性能，因此在防潮层的部位浇筑一层 60mm 厚细石混凝土带，内配 3ϕ6 钢筋或 3ϕ8 钢筋。

4）防水砂浆砌砖。采用防水砂浆砌三皮砖，作为防潮层。

（2）防水。对位于非冰冻地区的桥梁要作适当的防水，可在桥面上铺筑 8～10cm 厚的防水混凝土铺装层。

第五章

广场工程

第一节　广场规划设计

【新手必懂知识】广场规划设计的原则

1. 生态性原则

现代城市广场设计应该以城市生态环境可持续发展为出发点。在设计中充分引入自然，再现自然，适应当地的生态条件，为市民提供各种活动而创造景观优美、绿化充分、环境宜人、健全高效的生态空间。

2. 以人为本原则

（1）多样性。由于参与活动的人数、年龄、人们之间的关系不同等，就要求不同的空间形式。因此，广场设计应具有空间多样性、设施多样性以及功能多样性的特点。空间多样性包括大空间、小空间、适合年轻人的空间、适合老年人的空间、私密空间、开放性空间等。多样性的空间需要多样的环境设施来支持，例如：人数较多就要求广场有大面积的铺装，并有一定空间层次的变化，老年人需要休息设施，年轻人及小孩需要娱乐性强的设施，同时广场设计要考虑到功能的多样性，以支持各种使用群体多样的活动。

（2）无障碍设计。广场应体现对人的需求的尊重和关爱，给弱势群体平等参与社会创造机会。广场要尽量满足大多数使用群体的需要，同时要关爱老年人、残疾人、孕妇、儿童等弱势群体，在设计和建设时应给予体贴、关怀。如在广场地形有起伏的地方设计坡道；广场铺装较为粗糙，有一定的防滑性且有趣味性；在不影响广场整体功能发挥的同时，应该为这一群体开辟一些单独的安全空间；公共设施方面要设立专用设施；广场还要设立必要的指示标记，便于人们辨别方向等。

（3）注重细节考虑和细部处理。以人为本设计还表现在对细部空间的考虑是否周全和细致。要充分考虑户外空间的日照、遮阳、通风等因素，使场所能保持人们心理、生理上的舒适。良好的细部设计包括：建筑物的体量和形式、空间的形态、材料的质感和色彩、设施的尺度、地面的标高和铺装、小品的形式等硬质景观，以及绿化配置等软质景观。

（4）重视公众参与性。广场空间环境中应引导公众积极投入参与。参与性不仅表现于市民对广场各种活动的参与，也体现在广场的创作设计吸取市民的意愿和意见，公众的参与可以提高创作的潜力。此外，还体现在公众参与城市广场的管理上，人在广场上活动通常会产生破坏行为，常常使城市广场使用功能不能连续发挥极大地影响了市民的活动。公众参与管理可以加强主人翁意识，实现公共设施的合理利用，有助于提高人们的素质。

3. 完整性原则

城市广场设计时要保证其功能和环境的完整性。明确广场的主要功能，在此基础上，辅以次要功能，主次分明，以确保其功能上的完整性。广场应该充分考虑环境的历史背景、文化内涵、周边建筑风格等问题，以保证其环境的完整性。

4. 系统性原则

城市广场设计应该根据周围环境特征、城市现状和总体规划的要求，确定其主要性质和规模，统一规划、统一布局，使多个城市广场相互配合，共同形成城市开放空间体系。

5. 特色性原则

城市广场应突出人文特性和历史特性。通过特定的使用功能、场地条件、人文主题以及景观艺术处理塑造广场的鲜明特色。同时，还应继承城市当地本身的历史文脉，适应地方风情、民俗文化，突出地方建筑艺术特色，增强广场的凝聚力和城市旅游吸引力。此外，城市广场还应突出其地方自然特色，即适应当地的地形地貌和气温气候等。城市广场应强化地理特征，尽量采用富有地方特色的建筑艺术手法和建筑材料，体现地方园林特色，以适应当地气候条件。

6. 突出主题原则

围绕着主要功能，明确广场的主题，形成广场的特色、内聚力与外引力。因此，在城市广场规划设计中应力求突出城市广场在塑造城市形象、满足人们多层次的活动需要与改善城市环境的三大功能，并体现时代特征、城市特色和广场主题。

（1）市政广场。市政位于城市中心位置，通常是政府、城市行政中心，用于政治、文化集会、庆典、游行、检阅、礼仪、传统民间节日活动。市政广场一般面积较大，以硬质铺装为主，便于大量人群活动，不宜过多布置娱乐性建筑及设施。

（2）纪念广场。纪念广场以纪念人物或事件为主要目的。广场中心或侧面以纪念雕塑、纪念碑、纪念物或纪念性建筑作为标志物，主体标志物位于构图中心，其布局及形式应满足气氛及象征的要求。广场应远离商业区和娱乐区，宁静的环境气氛能突出严肃的纪念主题和深刻的文化内涵，增加纪念效果。建筑物、雕塑、竖向规划、绿化、水面、地面纹理应相互呼应，以加强整体的艺术表现力。

（3）交通广场。交通广场是交通的连接枢纽，起交通、集散、联系、过渡及停车作用，并有合理的交通组织。交通广场通常分为两类：一类是城市交通内外会合处，如汽车站、火车站前广场；另一类是城市干道交叉口处交通广场，即环岛交通广场。交通广场应满足畅通无阻、联系方便的要求，有足够的面积及空间以满足车流、人流和安全的需要，可以从竖向空间布局上进行规划设计，以解决复杂的交通问题，分隔车流和人流。

（4）商业性广场。商业广场是用于集市贸易和购物的广场，在商业中心区以室内外结合的方式把室内商场和露天、半露天市场结合在一起。商业广场大多采用步行街的布置方式，使商业活动区集中。广场中宜布置各种城市小品和娱乐设施。

（5）宗教广场。布置在宗教建筑前，举行宗教庆典、集会、游行、休息的广场，广场设计上应以满足宗教活动为主，表现宗教文化氛围和宗教建筑美，通常有明显的轴线关系，景物也是对称布置，广场上设有供宗教礼仪、祭祀、布道用的平台、台阶或敞廊。

（6）休息及娱乐广场。休息及娱乐广场是供人们休息、娱乐、交流、演出及举行各种娱乐活动的广场。广场通常选择人口较密集的地方，便于市民使用方便。广场的布局形式、空间结构灵活多样，面积可大可小。广场中宜布置台阶、坐凳等供人们休息，设置花坛、雕塑、喷泉、水池及城市小品供人们观赏。广场应具有欢乐、轻松的气氛，并以舒适方便为目的。

7. 效益兼顾

不同类型的广场都有一定的主导功能，但是现代城市广场的功能却向综合性和多样性衍生，满足不同类型的人群不同方面的行为、心理需要，具有艺术性、娱乐性、休闲性和纪念性兼收并蓄，给人们提供了能满足不同需要的多样化的空间环境。

【新手必懂知识】广场规划设计的要点

1. 注意空间划分

现在的广场一般都比较大，需要划分成不同的领域，以适应不同年龄、不同兴趣、不同文化层次的人们开展多种活动的需要。广场空间应以"块状空间"为主，"线状空间"不适合活动的开展。

2. 充分利用边缘效应

广场四周的边界是公共活动的密集区和环境依托点。

3. 适当增加构筑物

广场不能过于空荡，要有一定的构筑物，如柱子、廊架、台阶、栏杆、林荫树、花地等。研究表明：人们在广场中用于进出和行走的时间只占 20% 左右，而用于各种逗留和活动的时间约占 80%。人的逗留和活动行为总是选择那些有所依靠的地方，人们宁愿挤坐在台阶和水池壁上，也不愿意坐在没有依靠的空地上，因此适当增加构筑物是必要的。

4. 绿化

广场绿化从功能上讲，主要是提供在林荫下的休息环境，它可以调节视觉，点缀色彩，因此，可以多考虑铺装结合树池以及花坛、花钵等形式，其中花坛、花钵最好结合座位。大树尤其是古树名木应该作为重要的构成元素，融进广场的整体设计之中。广场绿化要和广场的其他要素作为一个整体统一协调。

5. 注意交通组织

过去的广场与街道是一个步行系统，而现在机动车道往往将行人与广场分开。因此，广场设计一定要解决好进出和停车问题，可以采取立交方式，安全方便是前提，千万不可忽视。

6. 广场铺装

广场是室外空间，铺装应以简洁为主，切忌室内化倾向，同时要与功能结合，如通过质感变化，标明盲道的走向，通过图案明暗和色彩的变化，界定空间的范围等。可使用水泥方砖、广场砖、混凝土，创造出许多质感和色彩搭配的组合。

7. 小品与细部

园凳是广场最基本的设施，应布置在空间亲切宜人，具有良好的视野条件，并且有一定的安全感和防护性的地段。此外，园林小品设计必须提供辅助座位，如台阶、花池、矮墙等，往往会收到很好的效果。喷泉水景的设计要考虑气候条件，最好能与活动相结合，而不单单是让人看，这也是广场水景的一个特点。但要注意防止广场园林小品化的倾向。

【新手必懂知识】广场的形式美规律

1. 多样与统一关系

在统一中存在变化、在变化中寻求统一的方法。若相反的话，仅有多样性就会显得杂乱而无序，仅有统一性就显得死板、单调。所以一切艺术设计的形式中都必须遵循这个规律。实现多样统一必须通过影响广场形式美的要素去分析。影响广场形式美的因素是广场中主与从的关系、广场的对比关系、广场的韵律关系、广场的比例关系、尺度关系以及广场的均衡关系等因素。广场设计的统一性可以从形状、色彩的协调来实现，这种协调通过广场局部构件尺寸、形状、色彩之间的相似关系、共性关系来实现。

2. 主从关系

从中外古今广场设计实例来看，采用左右对称的构图形式是比较普遍的。对称的构图形式主要表现为一主两从或多从的结构，主体部分位于中央，其他形成陪衬。一般纪念性广场、市政广场和交通广场等都采用这种形式。而非对称的主从广场形式比较自由、活泼。主从结构可以使广场形成、视觉中心和趣味中心，产生鲜明的广场特征。

3. 对比关系

广场的对比关系有大小对比、强弱对比、几何形对比、色彩对比等形式。

4. 韵律与节奏

在广场艺术设计中，常常运用形式因素有规律的重复和交替来作为构图手段。重复的类型有两种：韵律的重复和节奏的重复。韵律的基础是节奏，节奏的基础是排列。一般的理解是具有良好的排列称为具有节奏感、节奏性，同样对良好的节奏人们一般称之为具有韵律感。韵律和节奏在广场竖向设计和平面设计的形态中有多种多样的体现，形成任何节奏、排列都是具有间歇的相互交替。间歇是指过渡性空间，例如柱与柱之间的间距关系。

【新手必懂知识】 广场规划设计方法

1. 广场的选址和主题的确定

（1）选址。广场应该选在城市的中心地段，最好与城市中重要的历史建筑或公共建筑相结合，通过环境的整体性来体现广场的主题和氛围。

（2）主题的确定。不是所有的广场都需要有明确的主题。从类型看，纪念性广场、城市中心广场主题性比较强，而一般的文化休闲广场、商业广场则是以活动和使用为主。另外，通过培养一些有意义的、持久性的活动，可以体现广场的特色。

2. 广场面积与比例尺度

（1）广场的面积。

1）一般城市中心广场的用地面积都在 $1.5 \sim 10 hm^2$，中小城市的中心广场面积多在 $5 hm^2$ 以下；园林广场的面积应当比城市中心广场小一些，在 $0.5 \sim 5 hm^2$ 都可以。

2）广场面积大小应根据园林用地情况、广场功能的需要和园景建设的需要来确定。用地宽裕的，广场面积可大一些；用地不足的，广场就应小一点，或者不设广场；交通性、集会性强的，广场面积应比较大；以草坪、花坛为景观主体的，面积也要大一些；而单纯的门景广场、音乐广场、休息广场等，面积就可以稍小一点。

3）广场上各功能局部的用地面积要根据实际需要合理分配。例如：担负着节假日文艺活动和集会功能的园景广场，其人群活动所需面积可按0.5m²/人来计算，结果是广场大部分面积都要做成铺装地面；以主题纪念为主的广场，其路面铺装和纪念设施占用地面将占广场总面积的40%以上；以景观、绿化为主的休息广场，如花园式广场、音乐广场等，其绿化面积则应占60%以上的用地；而公园出入口内外的门景广场，由于人、车集散，交通性较强，绿化用地就不能有很多，一般在10%～30%，其路面铺装面积则常达到70%以上。

（2）广场的比例尺度。比例是指一个事物整体中的局部与自身整体之间的数比关系。比例是广场设计中最基本的手法之一，也是最具表现力的手法之一。正确地确定广场比例可以形成良好的广场组合形式关系。由于广场构图的各个部分、各尺寸有不同性质的关系，因此主要取决于广场性质和功能。尺度是人与它物之间所形成的数比关系。尺度是以人的自身尺寸与它物体尺寸之间所形成的特殊数比关系，所谓特殊是指尺度必须是以人的自身尺寸作为基础。比如，一个人站在天安门广场上，他与广场形成的关系就是尺度关系，又如某一个人分别站在天安门广场和北京站前广场上，他与这两个广场的尺度关系就大不相同。

广场的规划设计应结合围合广场的建筑物的尺度、形体、功能以及人的尺度来考虑。当建筑物的高度和广场的宽度相等时，广场就有一种封闭感，当广场宽度超过建筑物高度2倍时，广场就有一种开敞的感觉。大而单纯的广场对人有排斥性，小而局促的广场令人有压抑感，而尺度适中有较多景点的广场富有较强的吸引力。对于广场的适宜尺度，一般应遵循以下原则：视距与楼高的比例为1.5～2.5，视距与楼高构成的视角为18°～27°。

3. 广场的布局形式

在广场实践中，对称与非对称是广场形式中最普遍的构成形式。

（1）对称性形式。对称的类型包括反照对称（镜像对称形式）和轴对称（相等对称形式）。镜像对称是对称最简单的形式，主要是几何性的两半相互反照。轴对称是相等结构的对称，主要是通过旋转图形的方法取得。

（2）非对称性形式。广场的非对称性形式是指不采用镜像对称和轴对称的结构形式，非对称的各个部分应力求取得均衡感。均衡是构成广场协调的基础，取决于正确地符合广场功能要求和艺术完整性的处理。非对称的广场均衡可以用各种手法来实现。

非对称的广场构成取决于形成它们的具体条件：特定的内容、广场与特殊周围环境关系。非对称的均衡形成条件是通过统一的比例权衡关系，它可以实现非对称的各个组成部分的协调。为了使广场中单元构件合乎比例，把广场各个构件不同部分进行重复和模数化，只有形成严格尺度关系的形态和色彩相似关系才能实现非对称的协调和均衡。

4. 广场的空间组织

人们对所处的地位极为敏感，对不同的标高有不同的反应。因此，在广场景观设计中需要注意对地面高差的处理。任何场所都有一个隐形的基准线，人可以位于这个基准线的表面，也可以高于或低于该基准线。高于这个基准线会产生一种权威与优越感，低于此线则会产生一种亲切与保护感。地面上升和下沉都能起到限定空间的作用，可以从实际上和心理上摆脱外界干扰，给其中活动的人们以安全感和归属感。一般来说，上升意味着向上进入某个未知场所，下沉则意味着向下进入某个已知场所。

5. 广场的平面形状

园景广场有封闭式的，也有开放式的，其平面形状多为规则的几何形，通常以长方形为主。长方形广场较易与周围地形及建筑物相协调，因此被广泛采用。从空间艺术上的要求来看，广场的长度不应大于其宽度的 3 倍；长宽比在 4:3、3:2或 2:1 之间时，艺术效果比较好。广场为圆形、椭圆形和方圆组合形较为常见，但其占用地面更大一些，用地不是很经济，在用地宽松情况下，采用这些形状的也很常见。椭圆形广场，纵横轴的长度比例不宜超过 2:1。

此外，梯形、三角形等几何形在广场平面形状中也偶有所见。面积较小的园景小广场还可以采用自然形或不规则的几何形等，其形状设计更要自由些。正方形广场的空间方向性不强，空间形象变化较少，因此不常用，如图 5-1 所示。

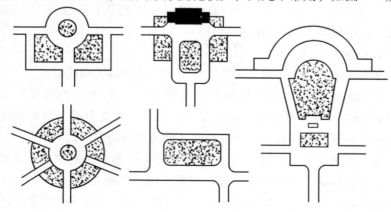

图 5-1　常见广场平面形状

6. 广场功能分区

与城市中心广场相比，园景广场周边接入道路不多，路口较少，因此其平面形状一般都比较完整。由于园景广场的交通性不很重要，因此在功能布置和园景设计上就相对比较方便。设计广场时，一般先要把广场的纵轴线、主要横轴线和广场中心确定下来。利用轴线的自然划分，把广场分成几个具有相似和对称形状的区域，根据路口分布和周围环境情况赋予各区以不同的功能，成为在景观上协调统一、在功能上互有区别的各个功能区。例如：休息（桌椅）区、游览散步区、雕塑区、音乐广场的演奏区和听众区等。纵横轴线沿线地带一般布置广场主要景观设施，可以作为单独的功能区。

7. 地面装饰

园景广场的铺装地面面积较大，在广场设计中占有重要的地位。地面除了常用整体现浇的混凝土铺装之外，还常用各种抹面、贴面、镶嵌及砌块铺装方法进行装饰美化。各种路面铺装形式，一般都可以在广场地面铺装中采用。广场的铺装形式，见表 5-1。

表 5-1 广场的铺装形式

类　型	特　点
图案式地面装饰	采用不同颜色、不同质感的材料和铺装方式在广场地面做出简洁的图案和纹样。图案纹样应规则对称，在不断重复的图形线条排列中创造生动的韵律和节奏。采用图案式地面铺装时，应注意图案线条的颜色要偏淡或偏素，绝不能浓艳。除了黑色以外，其他颜色都不要太深、太浓。对比色的应用要掌握适度，色彩对比不能太强烈。地面铺装中，路面质感的对比可以比较强烈，如磨光的地面与露集料的粗糙路面就可以相互靠近、强烈对比，如图 5-2 所示
色块式地面装饰	地面铺装材料可选用 3~5 种颜色，表面质感也可以有 2~3 种表现。广场地面不做图案和纹样，而是铺装成大小不等的方、圆、三角形及其他形状的颜色块面。色块之间的颜色对比可以强一些，所选颜色也可以比图案式地面更加浓艳一些。但路面的基调色块一定要明确，在面积、数量上一定要占主导地位，如图 5-3 所示
线条式地面装饰	地面色彩和质感处理是在浅色调、细质感的大面积底色基面上，以一些主导性的、特征性的线条造型为主进行装饰。这些造型线条的颜色比底色深，也更要鲜艳一些，质地常常比基面粗，是地面上比较容易引人注意的视觉对象。线条的造型有直线、折线形，也有放射状、流线形、旋转形，还有长短线组合、曲直线穿插、排线宽窄渐变等富于韵律变化的生动形象，如图 5-4 所示
阶台式地面装饰	将广场局部地面做成不同材料质地、不同形状、不同高差的宽台形或宽阶形，使地面具有一定的竖向变化，又使某些局部地面从周围地面中独立出来，在广场上创造出一种特殊的地面空间。例如：在广场上的雕塑位点周围设置具有一定宽度的凸台形地面，就能够为雕塑提供一个独立的空间，从而可以很好地突出雕塑作品；在座椅区、花坛区、音乐广场的演奏区等地方通过设置凸台式地面来划分广场地面，突出个性空间，还可以很好地强化局部地面的功能特点；将广场水景池周围地面设计为几级下行的阶梯，使水池成为下沉式的，水面更低，观赏效果将会更好

（续）

类　　型	特　　　点
阶台式地面装饰	总之，宽阔的广场地面中如果有一些竖向变化，则广场地面的景观效果定会有较大的提高，如图5-5所示

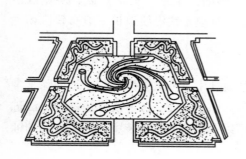

图5-2　图案式地面

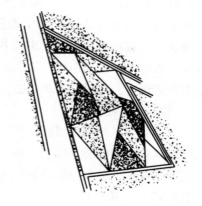

图5-3　色块式地面

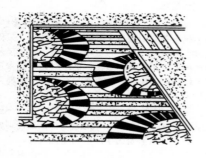

图5-4　线条式地面

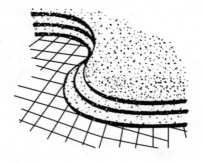

图5-5　阶台式地面

8. 广场内景观的布置

园景广场内部可以安排的景观设施多种多样，有雕塑、花坛、草坪、花架、水池、喷泉、休闲设施等。

（1）雕塑布置。在园景广场布置的雕塑可以有石雕、不锈钢雕、铜雕等，布置雕塑需注意以下几点：

1）雕塑材料一定要坚固耐久，不易风化破坏。

2）主体性或主题性雕塑一般布置在广场中心或中轴线的交叉点上，以便获得最突出的表现；次要的从属性雕塑，既可以规则对称地布置在主题雕塑的前后左右，呈烘托状，又可以布置在中轴大道两侧，对称地排成两列，还可以在广场路口的两旁布置一对雕塑，作对峙状；个别小型雕塑也有布置在广场某一角专设小场地上。

3）雕塑作品的下面应有基座，基座是作品不可分割的一部分，由雕塑作者设计。

4）一般雕塑的前方应当安排足够的观赏视距，视距长短根据雕塑的高度而定；在需要观赏雕塑全景及其周围环境的情况下，最小视距应为雕塑高度的 3 倍以上；在只需要观赏雕塑细部时，最小视距可仅为雕塑高度的 2 倍；如果是横向尺度大于竖向尺度的群雕，则取群雕宽度 1.2 倍以上距离作为最小观赏视距。雕塑布置，如图 5-6 所示。

a)

b)

图 5-6　长春世界雕塑公园

c)

图 5-6　长春世界雕塑公园（续）

（2）花坛群布置。花坛是园景广场上主要的地面景观，广场上的花坛按照规则对称关系组成花坛群。花坛群的布置应注意以下几点：

1）花坛群的外形应当和广场的形状相一致，花坛群内个体花坛的形状则要与所处的局部场地形状相适应。

2）花坛群及其主景花坛的平面形状宜为规则对称形状，群内其他个体花坛的形状则可以是不对称形状。

3）所有个体花坛都要按照统一的轴线轴心关系紧密地组合在一起，构成协调统一而又富于变化的、主体突出而又结构清楚的花坛群体。

4）花坛的总面积一般不超过广场面积的 1/3，但也不小于 1/15。

5）除主景花坛外，一般个体花坛的短轴宜取 8～10m，超过 10m 短轴的花坛显得太宽，其内的图案模纹透视变形较大，不便观赏。

6）花坛边缘石一般用砖砌筑，形状宜简单；砌筑好后要用水泥砂浆抹面、水刷石饰面、釉面砖或花岗石贴面等方式给予表面装饰处理；边缘石顶面设计宽度为 15～35cm，应高出花坛外地坪 15～40cm。

7）花坛的图案纹样可按模纹花坛、文字花坛、盛花花坛等类型进行设计，曲线图形或直线纹样都可以，但要求点线排列整齐，图案对称，配色鲜艳，装饰性较强，如图 5-7 和图 5-8 所示。

（3）草坪布置。园景广场上的草坪一般采用观赏草坪形式，选用的草种观赏价值要高，要有利于长期稳定地发挥其绿化装饰作用。广场上观赏草坪的布置可以参照花坛的方式方法另行设计，也可以直接利用花坛群内一些个体花坛来作为草坪种植床。草坪布置在主景水池、主题雕塑或主景花坛的周围，可做成装饰

图 5-7　天安门广场花坛

图 5-8　云南昆明世博园时钟花坛

性的环绕草坪带。如果布置在广场主道的两侧，又可作为镶边的草坪带。而直接用花坛的种植床铺种草坪，则是一般观赏草坪最常见的布置形式，也是广场草坪的主要铺种形式。广场草坪的一个更重要作用，是作为模纹花坛、文字花坛等的基面底色，在花坛的图案造型中成为不可缺少的重要组成部分，如图 5-9 所示。

　　（4）水池布置。布置在园景广场上的观赏水池多采用规则式，其平面形状一般根据广场及水池所处局部场地的形状来确定，有方形、长方形、圆形、方圆及椭圆形组合等形状，也有做成窄渠加方池或圆池，甚至做成某些具有抽象特点的变异形状的。

　　作为广场重要的景观设施之一，水池常布置在广场中轴线上，也常与喷泉结合做成喷泉池，构成广场的主景。水池还能很容易组合进花坛群，成为花坛群的中心景观或某些局部的重要景观，使水景与花卉景相互映衬，共同装饰广场地面。将观赏水池布置在广场休息区旁作为休息区的前景，能够提高休息环境的装饰性和趣味性。此外，还可考虑将露天舞台与水池相结合，形成休闲广场人们的娱乐场所。水池布置，如图 5-10 所示。

图 5-9　草坪作为底色

a)

b)

图 5-10　凡尔赛宫花园中的水池

c)

图 5-10　凡尔赛宫花园中的水池（续）

（5）休息设施布置。园景广场与园路不同，它要吸引游人停留下来驻足观景。虽然在广场上也可散步，但这种散步不是通行性质，而是一种逗留方式。因此，广场必须设置足够的休息设施。广场休息设施的数量应按休息座位数加以估算。除去游艺、集会活动性质的园景广场之外，一般的休息性园景广场都要按游人容纳量的一定比例来计算所需座位数。休息设施的一部分可采取集中方式布置在广场某区域，其他部分则可与广场多种景观和设施结合起来，灵活地布置在广场上。

1）集中布置休息设施。这种布置方式主要是在广场上划出一片合适的区域，安排一定数量的桌椅，成为广场冷热饮料点、休闲咖啡座或音乐茶座等。或者是以带座板的花架绿廊为主，并结合花架设置几处桌凳俱全的休息小场地，供棋牌娱乐及游人休息用。采用集中方式布置的桌椅可以选用铁制、木制或塑料制品，也可以用石材打制或用混凝土预制。

2）分散布置的休息设施。分散布置有如下四种基本布置方式：

① 选用铁、木、塑料、石材或混凝土制作的桌、椅、凳，分散布置在广场边缘的乔木林带下面或广场中的遮阴树下。

② 在有树木遮阴的铺装地面或广场道路旁边，分散布置一些大小相间、高低有别、顶面平整光洁的自然石块，既作为场地和路边的自然景物装饰，又兼作坐凳使用。

③ 结合广场花台、栏杆、挡土墙等的设计，在这些环境小品上附设部分座板或座椅，使其既起到花台、栏杆和挡土墙的作用，又具备一些坐凳的功能。

④ 直接利用花坛、花台、水池的边缘石和池壁顶面作为坐凳替代物，将边缘石和池壁的顶面设计成高、宽各为 30~40cm 的尺寸，表面用花岗石、釉面砖、白色水磨石等光洁材料装饰，可作为休息坐凳，而且还可减少广场上其他凳、椅的设置数量。

在广场上的道路边和花坛群的内部，坐凳的布置要和水池、花坛的设计一同考虑，并预先留出空处。在花坛沿边和在游览道旁，设计几处整齐排列的凹陷区域，如矩形、梯形或月牙形凹陷均可，并以这种凹陷作为布置园凳专门位置。在路面、场地转角处的阴角部位也是布置坐凳的好地方，这里属于道路场地的死角，安排座位不会影响其他游人散步游览。坐凳的布置，如图 5-11 所示。

总之，广场上休息设施的布置都应当紧密结合具体的场地形状，因地制宜地做好安排，使园景广场的休息功能体现得更为充分。

a)

b)

c)

图 5-11　坐凳的布置

d)

图 5-11 坐凳的布置（续）

9. 广场周围景观布置

广场周围的建筑、树木、背景山等多种景物构成了广场的外环境，同时也是广场空间的外缘竖向界面。这种界面的艺术形象如何，直接影响到园景广场的艺术效果。

周围景物高度与广场宽度之间的关系对园景广场空间艺术效果有较大影响。一般来说，后者尺度为前者尺度的 3~6 倍时，空间的开敞度、闭合度适中，空间感觉比较好。空间闭合度或开敞度的大小由向外的空间仰角决定。空间仰角大，则闭合度大，开敞度小；空间仰角小，则闭合度小，开敞度大。空间仰角的大小受广场周围景物高度和空间观赏视距之间的比例关系所制约。作为园景广场的空间，闭合度宜小一些，空间仰角在 13° 以下比较好。仰角达到 30° 时，广场空间的闭合性明显，作建筑庭院附属广场还可以，但作园景广场的效果就要差一些。仰角达到 45°，闭合度太大，会出现广场不"广"，空间闭塞的情况，不宜增强园景广场的艺术效果。因此要在一定的广场宽度条件下，注意控制广场周围竖向界面上景物的高度。

在园景广场周围景观的处理方面，历来有两种设计思想和设计方式，见表 5-2。

表 5-2　园景广场周围景观的处理方法

方　法	内　　　容
规则式	将园景广场周围景观设计为单纯的、规整的、主调明确的环境形象，从而更加突出广场本身的主题和景观形象。大多采用规则、对称、结构简洁的设计形式。例如：在广场纵轴线末端布置主体建筑，而在广场两侧和纵轴线前端则对称、整齐地布置宽窄一致、高矮相同的草坪带和树木绿带，而且树木采用统一的株行距规整地栽种成行列式，树种也只采用常绿的阔叶树或针叶树，不用花木树。这种环境设计能够很好地衬托广场内部的景观，有利于突出广场主题
自由式	强调景观变化，突出环境景观丰富多彩的特点，使广场空间界面在具有一定景观基调的情况下，各局部的景观主调多有变换，从而给园景广场提供一个更加美好的空间环境。这种设计思想的典型例子是广场周围建筑自由地布置，建筑造型与装饰体现出很高的艺术水平。广场外缘设计有花坛、花境、花灌木丛、草坪绿带和风景树丛；最外一圈绿化带则用雪松、香樟、水杉、广玉兰等树形差异很大的乔木配植成林冠线有起有伏的风景林带。这种设计使环境的自然气息十分浓郁，格调轻松活泼，在环境艺术上能够达到比较高的水平

　　两种环境设计思想创造出具有完全不同风格的两种艺术效果，这在园景广场设计中都是可以采用的，也可结合使用，如图 5-12 所示。广场的艺术效果除了受周围环境景观影响较大之外，广场的平面形状、面积大小、地面景观等也都有较大的直接的影响。

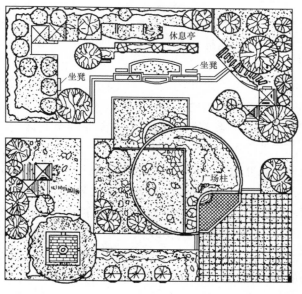

图 5-12　自由式与规则式结合的休闲绿地

【高手必懂知识】广场铺装原则

世界上许多著名的广场都由于其精美的铺装而给人留下深刻的印象。铺装设计虽应突出醒目、新颖，但首先必须与整体环境相匹配，它的形状、颜色、质地都要与所处的环境协调一致，而不是片面追求材料的档次。单从美学上看，质感来自对比，如果没有衬托，再高档的材料也很难发挥出效果。只要通过不同铺装材料的运用，就可划分地面的不同用途，界定不同的空间特征，可标明前进的方向，暗示游览的速度和节奏。同时选择一种价廉物美使用方便的铺装材料，通过图案和色彩的变化，界定空间的范围，能够达到意想不到的效果。在广场铺装设计时要考虑下列因素。

1. 整体统一原则

铺装材料的选择和图案的设计应与其他景观要素同时考虑，以便于确保铺装地面无论从视觉上还是功能上都被统一在整体之中。随意变化铺装材料和图案只会增加空间凌乱感。

2. 主导性原则

在地面铺装设计中要坚持突出主体、主次分明的原则。任何地面的铺装都要有明确的基调和主调。在所有局部区域，都必须要有一种占主导地位的铺装材料和铺装做法，必须要有一种占主导位的图案纹样和配色方案，必须要有一种装饰主题和主要装饰手法。从全面的观点来讲，广场地面一般应以光洁质地、浅淡色调、简明图纹和平坦地形为铺装主导。

3. 简洁性原则

广场地面的铺装材料、造型结构、色彩图纹的采用不要太复杂，适当简单一些，以便于施工。

4. 舒适性原则

除了故意做的障碍性铺装以外，一般园景广场的地坪整理和地面铺装都要满足游人舒适地游览散步的需要。地面要平整，地形变化处要有明显标志。路面要光而不滑，行走要安全。

【高手必懂知识】广场铺装的基本图样

1. 古典铺地参考模式图样

（1）几何纹样。几何图案是最简洁、最概括的纹样形式。在古代，几何图形比较早地被工匠们运用在铺地制作中。之后的铺地纹样虽更为丰富，但大多是在几何纹样的基础上变化发展起来的，或是将几何形作为纹样的骨骼，加入各式的自然纹样，创造出丰富的铺地图案。同时，几何铺地纹样自身也在不断变化发展，由刚开始简单的方形、圆形、三角形发展到六角形、菱形、米字形、万字形、回纹形等各式各样的几何形铺地纹样。

（2）植物纹样。植物作为一类非常重要的构形素材，被广泛地运用在古代铺地中。植物纹样在铺装中的运用不仅美观而且有特殊的意义。例如：忍冬是半常绿的藤本植物，耐寒、耐旱、根系繁密，被人们视为坚毅不屈、坚韧不拔的代表；蔓草茎叶肥大，生长环境要求低，易生根，具有很强的生命力；莲花是我国人民喜爱的传统花卉，由于其"出淤泥而不染，濯清涟而不妖"而被视为"花中君子"，象征着高浩、清雅；石榴、葡萄等植物果实象征着丰收等。

（3）动物纹样。古人还喜欢将一些象征吉祥或代表权势的动物造型运用到铺地图案中，如龙、鸟、鱼、麒麟、马、蝙蝠、昆虫等都是常见的动物纹样。

（4）文字纹样。在古代铺地中经常能看见一些如"福""寿"等的吉祥文字以及一些诗词歌赋结合几何纹样、植物纹样运用在地面的图案中，寓意祥瑞或表现意趣，从一个侧面来映衬出景观环境中整体的生活气息和人文氛围。

（5）综合纹样。在一些规模较大、地位较高的建筑景观中，经常会用到一些有叙事性的大型单元铺地图案。这些图案的内容往往是一些历史故事、典故或者神话传说、生肖形象等，这些铺地图案构形元素一般都会包含有风景、动植物、人物等形象，因此被称为"综合纹样"。

我国的铺地从早先的几何纹到后期的综合叙事纹，从形式的变化、构图的发展上来看，体现了极高的艺术价值和思想内涵。纹样或简洁或复杂或写实或抽象，无不体现着工匠们的精妙技艺与创新的思维，这正是我们中华民族博大精深的文化底蕴的产物。

2. 当代铺地参考模式图样

当代铺地是指 20 世纪 80 年代后期的景观铺地设计。由于新材料、新施工工艺的不断出现与进步，当代铺地设计的形式更为多样，并且更加注重铺地在使用功能上对人的满足性。为符合不同场所的需要，现代铺地设计要求根据不同场地的使用情况与使用特点来设置相应的铺地形式与材料。

（1）随着城市现代化的进程加快以及现代人追求快节奏、高速率的生活方式的转变，现代景观铺地的纹样设计既重视其装饰风格又要求地纹简洁、明朗、色彩丰富，更具时代感。

（2）现今社会由于人流量的增大、运输承载的增加，传统铺地材料就其强度、平度和耐久性等方面往往不能满足使用的要求，因此，当代景观铺地材料要求更坚固、更耐压、更耐磨等。

（3）采用更环保、更节能的材料，强调与自然环境和谐共处也是现代景观铺地设计中的重点。吸声抗尘路面等新型铺地如今在人行道、居住区小路、公园道路、通行轻型交通车及停车场等地面中被广泛地应用。

（4）当代铺地主要具有以下优点：改善植物和土壤微生物的生存条件和生活环境；减少城市雨水管道的设施和负担，减少对公共水域的污染；蓄养地下水；增加路面湿度，减少热辐射；降低城市噪声，改善城市空气环境等。

当代各种铺装样式，如图 5-13 所示。

【高手必懂知识】广场施工技术

1. 施工准备

（1）材料准备。准备施工机具、基层和面层的铺装材料，以及施工中需要的其他材料，清理施工现场。

（2）场地放线。按照广场设计图所绘施工坐标方格网，将所有坐标点测设在场地上并打桩定点。以坐标桩点为准，根据广场设计图，在场地地面上放出场地的边线、主要地面设施的范围线和挖方区、填方区之间的零点线。

（3）地形复核。对照广场竖向设计图，复核场地地形。各坐标点、控制点的自然地坪标高数据，有缺漏的要在现场测量补上。

2. 场地处理

（1）挖方与填方。当施工挖方、填方工程量较小时，可用人力施工；当工程量较大时，应该进行机械化施工。预留作草坪、花坛及乔灌木种植地的区域，可暂不开挖，水池区域要同时挖到设计深度。填方区的堆填顺序应当是先深后浅；先分层填实深处，后填浅处。每填一层就夯实一层，直到设计的标高处。挖方过程中挖出适宜栽培的肥沃土壤，要临时堆放在广场外边，以后再填入花坛、种植地中。

（2）场地整平与找坡。挖方、填方工程基本完成后，对挖填出的新地面进行整理。要铲平地面，使地面平整度变化限制在 20mm 以内。根据各坐标桩标明的该点挖填高度数据和设计的坡度数据，对场地进行找坡，保证场地内各处地面基本达到设计的坡度。土层松软的局部区域还要作地基加固处理。

图 5-13

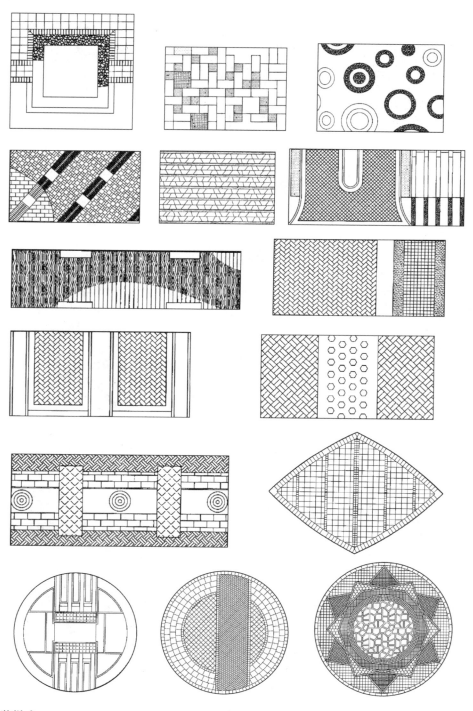

铺装样式

图 5-13 铺装样式（续）

图 5-13　铺装样式（续）

（3）确定边缘地带的竖向连接方式。根据场地周边与建筑、园路、管线等的连接条件，确定边缘地带的竖向连接方式，调整连接点的地面标高。还要确认地面排水口的位置，调整排水沟的底部标高，使广场地面与周围地坪的连接更自然，使排水、通道等方面的矛盾降至最低。

3. 地面铺装

（1）基层的施工。按照设计的路面层次结构与做法进行施工，可参照前面关于园路地基与基层施工的内容，结合广场地坪面积更宽大的特点，在施工中注意基层的稳定性，确保施工质量，避免今后广场地面发生不均匀沉降。

（2）面层的施工。采用整体现浇面层的区域，可把该区域划分成若干规则的地块，每一地块面积在（7m×9m）～（9m×10m），然后一个地块一个地块施工。地块之间的缝隙做成伸缩缝，用沥青棉纱等材料填塞。采用混凝土预制砌块铺装的，可按照前面章节有关部分进行施工。

（3）地面装饰。依照设计的图案、纹样、颜色、装饰材料等进行地面装饰性铺装，其铺装方法参照前面章节有关内容。

4. 广场铺装实例

（1）某中心广场的平面和剖面图如图5-14所示。

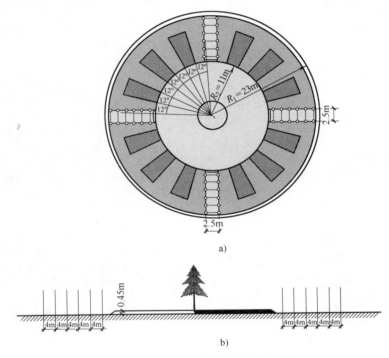

图 5-14　某中心广场平面图和剖面图
a）平面图　b）剖面图

（2）某中心广场场地结构图、中心梯步剖面及铺装大样，如图5-15所示。

【高手必懂知识】广场设计实例

1. 停车场设计

随着城市交通不断发展，游览公园和风景区需要停泊车辆的情况也越来越多；在城市中心广场及机关单位的绿化庭院中，有时需要设置停车场和回车场。典型的停车场，如图5-16所示。

（1）停车场要求。

1）停车场位置。停车场的位置一般设在园林大门以外，尽可能布置在大门的同一侧。大门对面有足够面积时，停车场可安排在对面。少数特殊情况下，大门以内也可划出一片地面作停车场。在机关单位内部没有足够土地用作停车场时，也可扩宽一些庭院路面，利用路边扩宽区域作为小型的停车场。面临城市主干道的园林停车场应尽可能离街道交叉口远些，以免导致交叉口处的交通混乱。停车场出入口与公园大门原则上要分开设置。停车场出入口不宜太宽，一般设计为7～10m。

2）停车场与周围环境。园林停车场在空间关系上应与公园、风景区内部空间相互隔离，要尽可能减少对园林内部环境的不利影响，因此，一般应在停车场周围设置高围墙或隔离绿带。停车场内设施要简单，要确保车辆来往和停放通畅无阻。

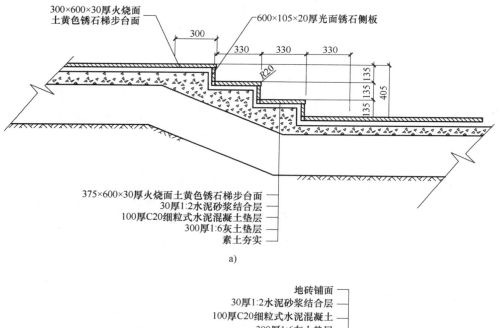

图 5-15　某中心广场场地结构图、中心梯步剖面及铺装大样
a）中心广场梯步剖面　b）中心广场场地结构图

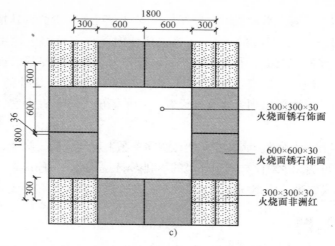

300×300×30
火烧面锈石饰面

600×600×30
火烧面锈石饰面

300×300×30
火烧面非洲红

c)

图 5-15 某中心广场场地结构图、中心梯步剖面及铺装大样（续）
c）中心广场铺装大样

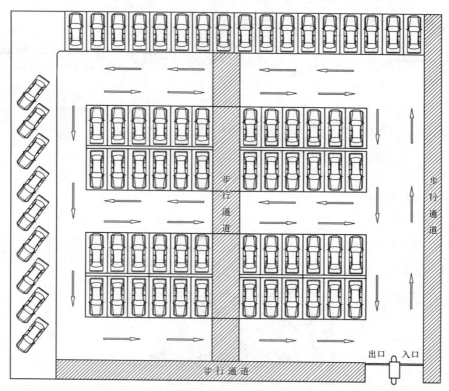

图 5-16 典型停车场平面图

3）停车车场与车辆通行。停车场内车辆的通行路线及倒车、回车路线必须合理安排。车辆采用单方向行驶，要尽可能取消出入口处出场车辆的向左转弯。对车辆的行进和停放要设置明确的标识加以指引。地面可绘上不同颜色的线条，来指示通道、划分车位和表明停车区段。不同大小、长短的车型最好能划分区域，按类停放，如分为大型车区、中型车区和小型、微型车区等。

　　4）铺装要求。根据不同的园林环境和停车需要，停车场地面可以采用不同的铺装形式。城市广场、公园、机关单位的停车场一般采用水泥混凝土整体现浇铺装，也常采用预制混凝土砌块铺装或混凝土砌块嵌草铺装；其铺装等级应当高一点，场地应更加注意美观整洁。风景名胜区的停车场则可视具体条件，以采用沥青混凝土和泥结碎石铺装为主；如果条件许可，也可采用水泥混凝土或预制砌块来铺装地面。为确保场地地面结构的稳定，地面基层的设计厚度和强度要适当增加。为了地面防滑的需要，场地地面纵坡在平原地区不应大于0.5%，在山区、丘陵区不应大于0.8%。从排水通畅方面考虑，地面也必须要有不小于0.2%的排水坡度。

　　（2）停车场的铺装样式。停车场的铺装样式，如图5-17所示。

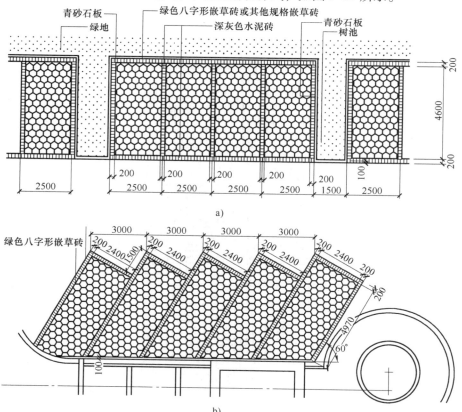

图5-17　停车场的铺装样式

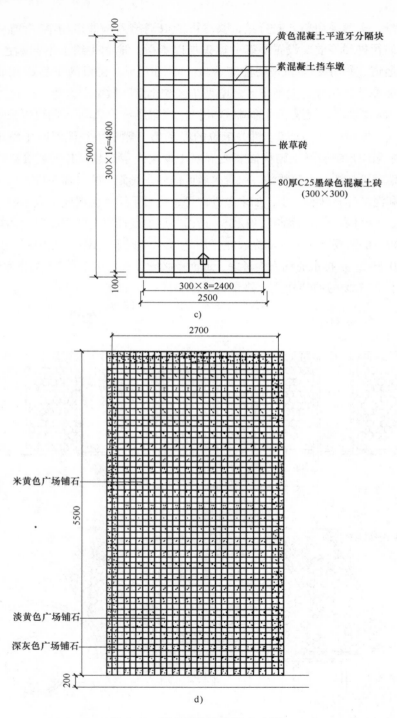

图 5-17　停车场的铺装样式（续）

（3）车辆的停放方式。停车方式对停车场的车辆停放量和用地面积都有影响，车辆沿着停车场中心线、边线或道路边线停放时有三种停放方式。

1）平行停车。停车方向与场地边线或道路中心线平行。采用这种停车方式的每一列汽车所占的地面宽度最小，如图 5-18 所示。因此，这是适宜路边停车场的一种方式。但是，为了车辆队列后面的车能够驶离，前后两车间的净距要求较大，因此在一定长度的停车道上，这种方式所能停放的车辆数比其他方式少 $1/2 \sim 2/3$。

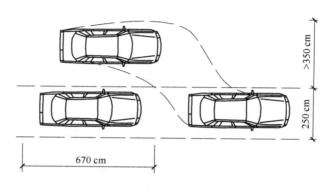

图 5-18　平行停车尺寸

2）斜角停车。停车方向与场地边线或道路边线成斜角，车辆的停放和驶离最为方便。这种方式适宜停车时间较短、车辆随来随走的临时性停车道。由于占用地面较多，用地不经济，车辆停放量也不多，混合车种停放也不整齐。因此，这种停车方式一般应用较少，斜角停车方式，如图 5-19 所示。

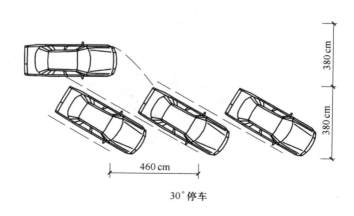

30°停车

图 5-19　斜角停车尺寸

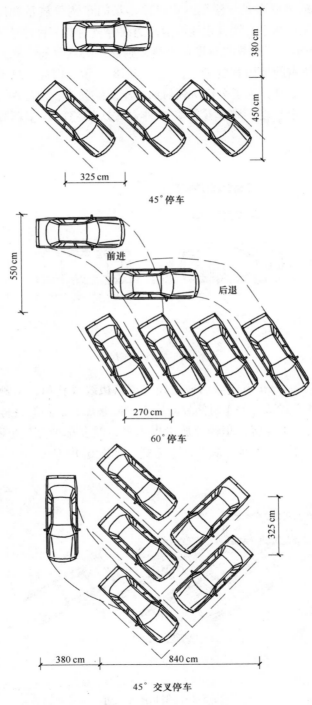

45°停车

60°停车

45°交叉停车

图 5-19　斜角停车尺寸（续）

3）垂直停车。车辆垂直于场地边线或道路中心线停放，每一列汽车所占地面较宽，可达 9~12m，并且车辆进出停车位均需倒车一次，如图 5-20 所示。但在这种停车方式下，车辆排列密集，用地紧凑，所停放的车辆数最多，一般的停车场和宽阔停车道都采用这种方式停车。

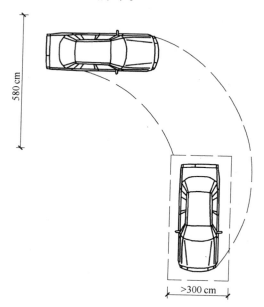

图 5-20　垂直停车尺寸

（4）停车场面积的计算。停车场所需面积大小与车辆停放数量、车型类别、停车方式及通行道的几何尺寸有关。根据园林规划所确定的停车数量，分别计算出不同车型的单位停车面积，就可算出停车场的总面积。或者，根据已知的停车场总面积，也可以推算出所能停放的车辆数。或者，根据已知的停车场总面积，也可以推算出所能停放的车辆数。

（5）回车场。在风景名胜区、城市公共园林、机关单位绿地和居住区绿地中，当道路为尽端式时，为便于汽车进退、转弯和调头，需要在该道路的端头或接近端头处设置回车场地。如果道路尽端是路口或是建筑物，那就最好利用路口或建筑前面预留场地加以扩宽，兼作回车场用。如果是断头道路，则要单独设置回车场。回车场的用地面积一般不小于 12m×12m，回车路线和回车方式不同，其回车场的最小用地面积也会有一些差别，如图 5-21 所示。

（6）停车场的铺地做法。停车场的铺地做法，如图 5-22 所示。

（7）自行车停车场。城市公共园林的自行车停车场一般设置在陆地；工厂、机关单位和居住小区的自行车停车场则多数要加盖雨棚。由于自行车单车占地面

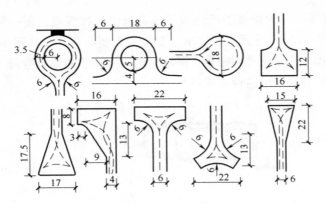

图 5-21　回车场形状平面尺寸图（单位：m）

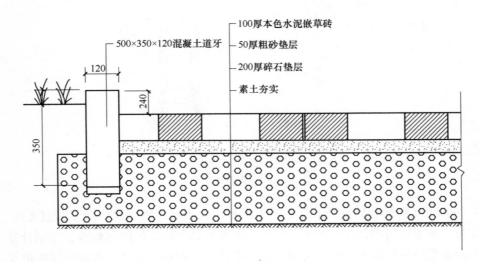

图 5-22　停车场铺地做法
注：道路坡度为 2% ～ 3%

积较小，故停车场的设置比较灵活，对场地的形状、面积大小要求不高，完全可以利用一些边角地带来布置。

1）自行车的停放与排列方式。自行车的停放与排列方式有前轮相对错开排列，竖向错开车把排列，成 60° 角斜放，车身竖放，车把 30° 斜放，如图 5-23 所示。它包括进出存车、取车的通道面积在内，每辆自行车的平均占地面积可按 1.4 ～ 1.8m² 计算。目前，自行车停车场多是自行车与摩托车混合停放，并且许多自行车的车把前装有购物篮筐，在计算单位停车面积时应该取较大值。

2）自行车房的布置。按规划预定的停车数量确定自行车停放方式，计算出停车房所需用地面积。确定自行车排列行数，在每两行间设存、取车通道。每条通道宽可按1m计，每行自行车宽按1.8m计。这样，停放单排车加一条通道的自行车房可设计为宽3m；停放两排车加一条通道的宽为4.8～5.0m；四排车加两条通道的宽度可达9.3～10.0m。

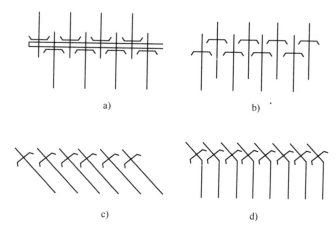

图5-23　自行车的停放位置平面图

a）相对错开　b）竖向错开　c）60°斜放　d）车身竖放车把30°斜放

（8）停车场的绿化。机动车逐渐增加，对于停车场的设立及绿化要求很迫切。停车场分成三种形式，即多层停车场、地下停车场和地面停车场。目前我国地面停车场较多，可分为三种形式。

1）周边式绿化的停车场。四周植有落叶及常绿乔木、花灌木、草地、绿篱或围成栏杆，场内全部为铺装，近年来多采用草坪砖作铺装。四周规划有出入口，一般为中型停车场。

2）树木式绿化的停车场。一般为圈套型的停车场，场内有成排成行的落叶乔木，场地可采用草坪砖铺装。这种形式有较好的遮阳效果，车辆和人均可停留，创造了停车休息的好环境。

3）建筑前绿化兼停车场。建筑入口前的美化可以增加街景变化，衬托建筑的艺术效果。建筑前的绿化布置较灵活，景观比较丰富，结合基础栽植、前庭绿化和部分行道树设计，可以布置成利于休息的场地。要能对车辆起到一定的遮阳和隐蔽作用，以防止因车辆组织不好使建筑正面显得比较凌乱，一般采用乔木和绿篱或灌木结合布置。

2. 运动场地设计

运动场设置的地方应该地势平坦，空气新鲜，日光充足。四周栽植庇荫树，设立若干花坛，在适当的地方需有座椅、看台等设备。大规模的运动场应有管理室、医务室、休息室、更衣室、浴室、厕所及主席台的设置。运动场设施的设计、施工、管理需简单方便，配置各项目的规模、形状的空间大小及设施连接方法和规模均应考虑。

（1）常见球场必备条件。各类常见球场的必备条件，见表5-3。

表5-3　各类常见球场的必备条件

球场类型	必备条件
篮球场	篮球场地平面图和结构图，如图5-24所示。篮球场上方7m以内的空间不能有任何障碍物，场地四周的线外至少应有2~3m宽的无障碍区，防止影响球的运行或出现伤害事故。篮球架可由金属、木质或其他适宜的材料制成。为确保篮球架符合规则的要求并具有安全性，建议购买正规厂家生产的篮球架。土质、水泥、沥青、塑胶和木质地面均可，要求平整、坚实
羽毛球场	羽毛球场地是一个长13.40m、宽为5.18m（单打）或6.10m（双打）的长方形，羽毛球平面图和结构图，如图5-25所示。场地四周2m以内、上空9m以内不得有任何障碍物，防止影响球的飞行和出现危险。场地可采用木质、水泥、塑胶、黏土等材料，要求平整、坚实，以确保安全
排球场	排球场地平面图和结构图，如图5-26所示。端线外至少有8m、边线外至少有3m的无障碍区。地面以上至少有12.5m高的无障碍空间，从而确保球的运行以及防止出现伤害事故。排球场中间有一张球网，网柱应为两根光滑圆柱，一般由金属或木材等材料制成。网柱固定在边线中点外0.5~1m的地方，禁止使用拉链固定网柱，防止发生危险。为确保器材符合规则的要求并具有安全性，建议购买正规厂家生产的产品。土质、木质或合成物质的地面均可，但必须成水平面，不能有明显的粗糙或湿滑的现象存在
沙滩排球场	沙滩排球场地为长18m、宽9m的长方形。场地边线外应至少有5m的无障碍区，端线外无障碍区至少为4m宽。场地的地面必须是水平的沙滩，尽可能平坦，不能有石块、壳类及其他可能造成运动员损伤的杂物，细砂的深度至少应有30cm
小足球场	小足球场地为长60~70m、宽40~50m的长方形，场地周围至少应有5~6m的无障碍区，以免发生危险。足球场两端各设一球门，为保证安全，无论是可移动球门还是不可移动球门，使用时都必须牢牢地固定在场地的球门线上。比赛场地有天然草坪、人造草坪、木质、土地等。土质场地要求平整，土质软硬要适度，并要保持一定的潮湿度；场地上不应有明显的砂粒、土块、小石块及玻璃片等物
门球场	门球场地为长25m（或20m）、宽26m（或15m）的长方形，四周内的连线称界线，也称比赛线。外连线称为限制线。场地四周应有离界线至少1m的无障碍区。场地的地面为略带砂质的土场、天然草坪和人造草坪几种，地面必须平坦和水平。球门和立柱用金属材料制成，必须牢固地钉入地下

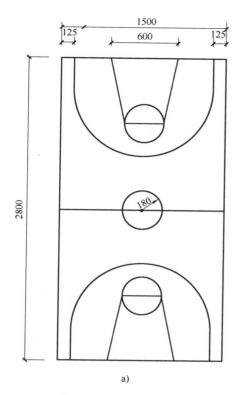

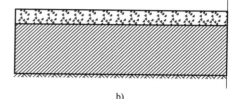

10 cm C20细粒式水泥混凝土

30 cm 1:6灰土（体积比）

压实土基（轻型压实）

图5-24 篮球场地平面和结构图（单位：cm）

a）平面图 b）结构图

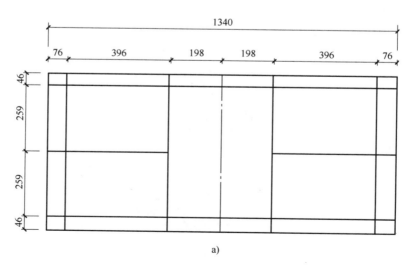

图5-25 羽毛球场地平面（单位：cm）

a）平面图

181

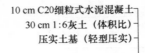

注：结构层采用轻型标准，土基压实度≥95%。

b)

图 5-25　羽毛球场地平面（单位：cm）（续）

b）结构图

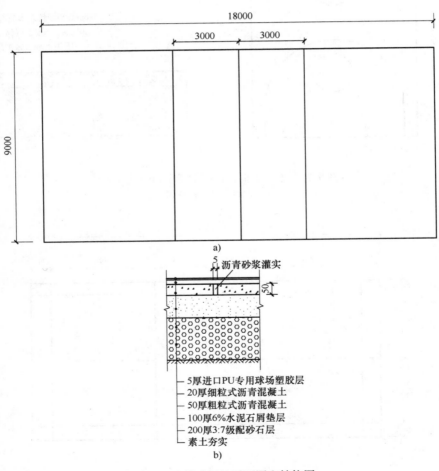

图 5-26　排球场地平面图和结构图

a）平面图　b）结构图

（2）常见运动设施的设计条件。常见运动设施的设计条件，见表5-4。

表5-4 常见运动设施的设计条件

球 场	设 计 条 件
网球场	1）地形较高、排水方便、风势较小 2）南北向为宜，其次以南、东南及北、西北较佳 3）四周植以树木，或以凉亭花架点缀，在前后有挡网设备 4）地表可铺草地、三合土（即黄泥、石灰、细砂）、水泥、柏油 5）附属物包括网、裁判椅、记录板
篮球场	1）宜避风或风小之处，方向以南北、西北或东南为宜 2）球场为长方形，坚硬平面，水泥、泥土地铺面材料 3）附属物包括篮球架及计时、得分标示牌
羽毛球场	1）主要为室内运动，户外则选择避风之处 2）球场中竖立球网
排球场	1）地面平坦，考虑风向及防风设备 2）四周可栽防风树 3）双方各9人或6人一组
足球场	1）长方形平面 2）球门两边挂网
游泳池	1）大面积庭院及公园 2）排水口池的四隅、水池附近植灌木 3）夜间使用应有照明设备 4）自来水给水

第六章

综合实例

【高手必懂知识】 商业步行街设计

1. 设计原则

商业步行街总体要服从城市发展的总体规划要求，在选址、范围、市镇交通分流功能定位等方面，必须周密考虑，在内部的景观规划中应遵循以下原则：

（1）功能性优先原则。商业步行街主体是要营造良好的商业氛围，因此规划时既要有利于商家的经营展示，又要有利于购物者的舒适购物。

（2）生态化原则。商业步行街人流集中，要通过合理的绿色元素，有效地降低噪声，提高湿度和提供必要的遮阴效果，创造出轻松宜人的舒适环境。

（3）多目标规划原则。通过合理的规划，在保障商业功能最大化发挥的基础上进行合理的空间分割，营造社交和集会的氛围；灵活多样地构思景观亮点，渲染文化的魅力；创造宜人的环境，烘托聚集的人气，最终形成能满足不同年龄层次人群的不同兴趣爱好和审美需求，并达到舒适购物、观赏休闲、文化品味和舒心交往的多种目标。

（4）继承保护和发展文化原则。一条商业步行街的繁荣离不开历史的沉淀和文化的积累，继承和保护好城市街区传统的文化底蕴是根本，在此基础上，还需要不断发展和创新符合现代人们审美需求的景观元素。

（5）可持续发展的原则。规划要综合把握商业街的历史，要预见未来的发展趋势，做到近期和远期规划相结合；要运用环境心理学的原理，使商业区环境氛围与功能发挥形成良好的互动，呈现良性循环，保障持续和恒久的发展态势。

2. 商业步行街的植物配置

商业步行街的植物配置需呼应各功能空间的气氛和要求，既能发挥生态绿色功能，又能体现符合功能的美化效果。

商业步行街两侧的植物距商业建筑至少在4m以上，可选择树池式或树台（凳）式种植行道树。行道树的栽植株距要适当加大，最好和店铺与店铺之间的交界线对应，以免遮挡商铺。在内部，商业展示和文化表演区的乔木应冠高荫浓，留出较高的树冠净高度，一般多结合场地配置成对植、行植或孤植景观，周边可结合人流的疏导布置一些色彩艳丽和图案精美的花坛。游人休息区可种植成行成列的乔木，中间设置休闲桌凳，以较好的遮阴提供良好的休息空间。文化展示区的植物应丰富多彩，乔木和花池（台）结合，用绿地分隔地块，形成并协调烘托展示空间。特色小吃和旅游纪念品经营地应采用乔灌木结合，规则或自然的配置形成隔离围合的空间。对于地下情况不容许栽植乔木的，应使用可移动的大木箱或其他大型箱式种植器种植乔木，进行摆放。

3. 商业步行街铺地

以步行交通为主的商业步行街，既展示着城市商业文明的独特传统，又表征着城市当代经济生活的面貌和特色。在现代城市中，根据商业街的空间形态，一般可将其分为地上商业街和地下商业街两大类。地上商业街根据其不同的交通组织方式可分为完全商业步行街、半商业步行街和公交商业步行街三类。其中，完全商业步行街又进一步分为无拱顶型和有拱顶型。各类商业步行街的铺地要求，见表6-1。

表6-1　各类商业步行街的铺地要求

类　　型	铺　地　要　求
无拱顶型完全商业步行街	铺地要求：安全、舒适、亲切，具有方位感方向感、历史文化感和当地特色感 铺地技术：铺地要平坦，尽量减少高差变化，不得已有高差变化时应做明显标志，例如铺地色彩、材质的变化；铺地材料的选择应考虑雨、雪季防滑问题，采用表面质感粗糙、透水性好、耐污染性强、清扫方便的材料以及易于施工、维护的砌块类材料；铺地尺度要亲切、和谐，使人们感受到自我，可以与空间环境对话，完全地放松和随意；铺地色彩要注意与建筑相协调，由于各家店铺立面设计五花八门，因此可以采用一种有统一感的主色调铺地强化街道景观的连续性和整体性。而细部色彩施工要亮丽，富于变化，以体现商业街生机勃勃的繁华景象 个性特色：商业步行街的地面要充分体现个性化原则，营造其独有的魅力特色。铺地材质的精心挑选、色彩的精心设计会使地面与街道整体环境气氛相协调。同时，不同色彩、质感的材料经过设计，按一定的形式拼接、组合，同样可以创造其个性化形象
有拱顶型完全商业步行街	有拱顶的商业步行街是采用玻璃拱廊将街道覆盖起来，这种商业步行街介于室内空间和室外空间之间 铺地宜简洁明快：由于其他界面功能更为重要，地面铺地宜简洁明快，衬托出空间气氛。多采用明度高、纯度低的浅色调，色彩搭配不应过杂，简单明了为好 表面质感光滑：可以应用表面质感光滑的材料，以突出商业街的华贵气氛 设置地面标志：在路口、转弯等处可以设置地面标志来引导人流 引入花草流水：有些大型的带拱顶商业步行街还会将树木、花草和流水引入其中，可以将这部分的地面进行精致的细部施工，为游人划分并营造一个温馨宜人的休息空间

（续）

类　　型	铺　地　要　求
半商业步行街	以时间阶段管制机动车进入区内，在时间上分为"定时"和"定日"两种。如每日晚6点至10点或周末、节假日期间禁止机动车通行，实行商业步行街 采用一块板断面形式：这种类型的商业街一般采用一块板的断面形式，两侧留有较宽的人行道 采用彩色沥青路面：为了保证平日机动交通的正常运行，车行道的路面镶地要满足道路面层的技术要求。为突出商业街的繁华气氛，可采用彩色沥青路面设计，但不宜采用较浓烈的色彩，应注意衬托和强调两侧的人行道与建筑立面设计 质感粗糙的人行道铺地：人行道铺地的色彩选择应注意与两侧建筑相协调，可采用一种较为醒目的主色调来强化商业街的连续性和整体性。多采用表面质感粗糙、抗滑性好的砌块材料进行铺地
地下商业街	铺地要求：铺地应该力求创造安全感、舒适感、整体感、宽敞感以及方向感。地面铺地要平整，铺地材料应具有防滑、耐磨、防潮、防火、易清洁的特点，多采用水磨石或地面砖铺砌 保持统一的格调：由于在地下商业街中丰富多彩的店面和花色繁多的商品占有重要位置，因此，地面注意保持统一的格调和色调，简洁明快，以强化空间的整体感，创造出轻松舒适的氛围。一般采用明亮淡雅的暖色调，带给人们一种温暖干燥的心理感受，使空间显得更大、更宽敞。多采用单色铺地，为防止单调感，可在大面积单色的基础上加一些异色连续性的富有韵律感的图案。例如：重复的方格形图案可以增强空间的整体感与稳定感；斜线的动态和运动感能够引起人们的注意，运用斜向图案有助于强化空间的宽敞感；运用彩绘地砖可以提高观赏价值，丰富视觉感受，而且它们都可以给人以方向感，能够对人流起到导向的作用 主要出入口的门厅、通道的铺地处理：地下商业步行街常常会在主要出入口的门厅、通道的十字或丁字交叉点或通道的端头等处组织一些供顾客休息的空间，以减轻由于通道过长而产生的枯燥感，同时可改善购物环境。对于这些休息空间的地面铺地要进行精心的施工。例如，可以运用天然材料，如卵石、木砌块、不规则石料等材料与流水、植物等自然要素相配合，营造出一个充满自然气息的温暖舒适的休息空间，给人们留下深刻印象，吸引人们停留欣赏，甚至该休息空间还会成为整个地下商业街的一个重要标志

4. 案例

商业街的铺装设计实例，如图6-1和图6-2所示。

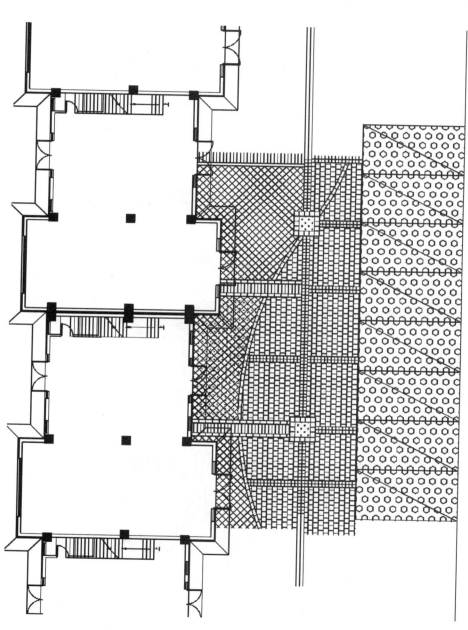

图6-1 某商业街的铺装设计

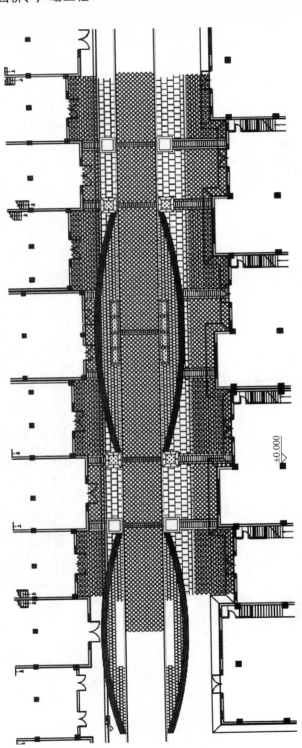

±0.000

图 6-2　某商业街的铺装设计

【高手必懂知识】居住区道路设计

1. 居住区道路系统

居住区道路系统规划通常是在居住区交通组织规划下进行的。一般居住区交通组织规划可分为人车分流和人车合流两类，见表6-2。在这两类交通组织体系下，综合考虑居住区的地形、住宅特征和功能布局等因素，进行合理的居住区道路系统规划。

表6-2　居住区道路系统

居住区道路系统	特　　点
人车分流	人车分流的居住区交通组织原则是20世纪20年代由C.佩里首先提出的。佩里的"城市不穿越邻里内部"的原则，体现了交通街和生活街的分离。目前，国内像北京、上海、广州、深圳等城市以及其他经济发达地区，推行以高层为主的住居环境，停车问题主要是在地下解决。组团内部的地面上形成了独立的步行道系统，将绿地、户外活动、公共建筑和住宅联系起来，结合小区游戏场所可形成小区的游憩娱乐环，为居民创造更为亲切宜人而富有情趣的生活空间，也可为景观的欣赏提供有利的条件
人车合流	人车合流又称人车混行，是居住区道路交通规划组织中一种很常见的体系。与人车分流的交通组织体系相比，在私人汽车不发达的地区，采用这种交通组织方式有其经济、方便的地方。在我国城市之间的发展差异悬殊，根据居民的出行方式，在普通中、小城市和经济不发达地区，居住区内保持人车合流还是适宜的。在人车合流的同时，将道路按功能划分主次，在道路断面上对车行道和步行道的宽度、高差、铺地材料、小品等进行处理，使其符合交通流量和生活活动的不同要求，在道路线型规划上防止外界车辆穿行等。道路系统多采用互通式、环状尽端式或两者结合使用

2. 居住区道路绿化

居住区的道路绿化应注意如下五点：

（1）以树木花草为主，多层布置，提高覆盖率。在种植乔灌木遮阴的同时，可多种宿根及自播繁衍能力强的花卉，如美人蕉、一串红等，丰富绿地的色彩。

（2）考虑四季景观及早日普遍绿化的效果，注意常绿与落叶、乔木与灌木、速生与慢生、重点与一般相结合。

（3）种植形式多样化，以丰富的植物景观创造多样的生活环境。居住区主要道路的绿化树种的选择应不同于城市街道，形成不同于市区街道的气氛。配置方式上可更多地采用乔、灌、草相结合的方式。要考虑行人的遮阴与交通安全，在交叉口及转弯处要符合视距三角形的要求，如果路面宽阔，可选体态雄伟、树冠宽阔的乔木，在人行道和居住建筑之间可多行列植或丛植乔灌木以起到防尘、隔声的作用。小区道路树种的选择多用小乔木、开花灌木和叶色变化的树种。各小区道路应有个性、有区别，选择不同树种、不同断面种植形式，每条路上以一二种花木为主，形成合欢路、樱花路等。各住宅小路从树种选择到配置方式注重多样化，形成不同景观，便于识别家门。

（4）选择生长健壮、管理粗放、少病虫害及有经济价值的植物。

（5）注意与地下管网、地上架空线、各种构筑物和建筑物之间的距离，符合安全规范要求。

3. 居住区道路铺地

（1）住宅小区道路网络框架。道路是居住区的构成框架，一方面起到了疏导居住区交通、组织居住区空间的功能，另一方面好的道路设计本身也构成居住区的一道亮丽风景线。居住区道路为居住空间的一部分，不仅关系到居民日常出行行为，而且与居民的邻里交往、休息散步、游戏消闲、认知定位等密切相关。

目前，国内对居住区道路进行规划时，基于交通集散的思想，习惯上将其分为四个等级布置：居住区级道路，相当于城市次干道或一般道路，一般均与城市干道或次干道相连；居住小区级道路，是联系居住区内各组成部分的道路；居住生活单元级道路，是居住生活单元内的主要道路；宅前小路，是通往各单元及各户的门前小路。

（2）居住区道路的铺地要求。居住区道路对居住区的空间环境具有重要的影响，道路的布置应该充分利用区内的自然状况，结合楼宇分布，借形取势。为了充分体现"以人为本"的设计思想，居住区道路一般按使用功能划分为车行和步行两个系统，可以通过不同的路面铺地进行有效的空间界定，见表6-3。

表6-3　居住区各类道路的铺地要求

居住区道路类型	铺 地 要 求
机动车道	为了减少机动车对居住区宁静、安全环境的影响，小区级和居住生活单元级道路等车行道可以有意识地采用曲折的线路，迫使机动车减速，同时又可以丰富街道景观。机动车道面一般由混凝土、沥青等耐压材料铺设，而随着人们对居住区景观环境的要求越来越高，沥青类整体性景观铺地材料或经过表面处理的水泥混凝土

（续）

居住区道路类型	铺 地 要 求
机动车道	板块类景观铺地材料将会得到广泛应用。一些车行道也可以采用块石、小方石、混凝土砌块等坚固、耐磨的材料铺地，形成粗糙的道路表面，有效降低车速，提高安全性
人行道	居住区人行道的铺地设计过程是创造一个以"人"为主体的、一切为"人"服务的、空间的过程。路面铺地应与居住区整体风格融合协调，通过它的材质、颜色、肌理、图案变化创造出富有魅力的路面和场地景观。铺地材料以砌块类材料为主，色彩应生动活泼、富于变化。一个小区可以采用同一组色彩进行设计，但要注意配合小区的整体格调，这样可以建立一种良好的空间秩序，使人们漫步在人行道上通过地面铺地色彩的变化即可感知到空间的转换。铺地图案应充分利用点、线、面的变化，突出方向感与方位感，限定场地界线，不但有利于来访客人辨识定位，也给居民一个清晰的、属于自己的空间领域，使居民对自己的居住环境产生认同感，对自己的居住社区产生归属感。此外，铺地图案还强调趣味性、可观赏性、小而宜人的尺度，使人们乐在其中，轻松愉快地漫步、交往、嬉戏、观赏景色，享受生活
宅前小路	宅前小路是居住区步行系统的重要组成部分，需要对道路的平曲线、竖曲线、宽窄和分幅、铺地材质、绿化装饰等进行综合考虑，从而赋予道路美的形式。通常采用石料板材、碎拼石材、块石、拳石、卵石、木砌块等自然材料铺地而成。其与取材自然的路牙、路边的块石、休闲座椅、植物配置、灯具、小亭、篱笆、流水等巧妙搭配，可以创造出一条条优美宜人的"健康路径"，营造出一种曲径通幽、错落有致的极富创意和个性的景观空间。这种回归自然的景观环境，将以自然的材料、传统的韵味、现代的设计手法唤起人们美好的情趣和情感寄托，让人与大自然共栖，尽情体验"天人合一"的美的最高境界

4. 案例

某景区的道路规划、植物配置和铺装分别如图 6-3 ~ 图 6-5 所示。

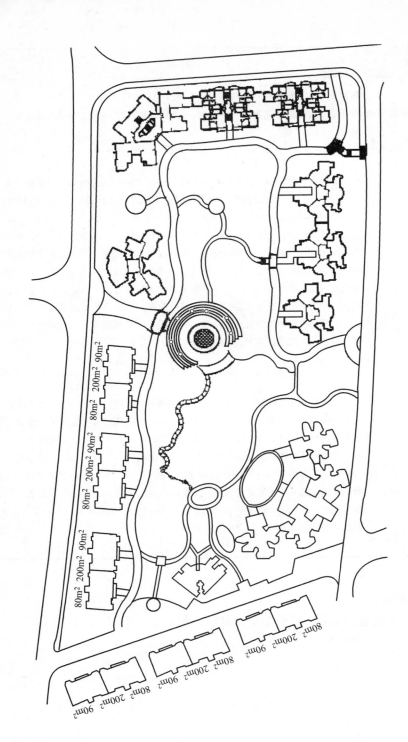

图 6-3 某景区道路规划图

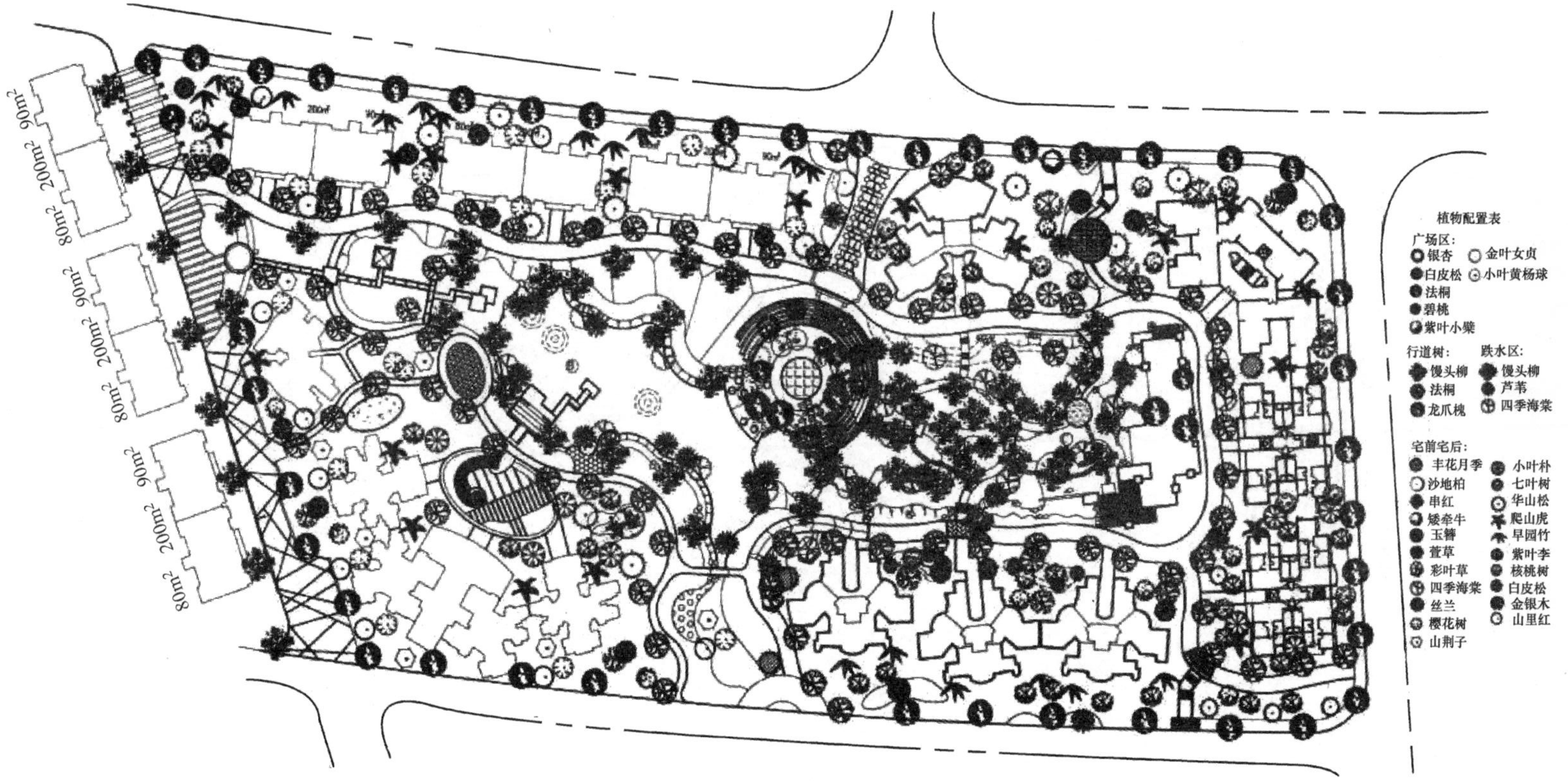
植物配置表
广场区：
银杏
金叶女贞
白皮松
小叶黄杨球
法桐
碧桃
紫叶小檗
行道树：
馒头柳
法桐
龙爪槐
跌水区：
馒头柳
芦苇
四季海棠
宅前宅后：
丰花月季
沙地柏
串红
矮牵牛
玉簪
萱草
彩叶草
四季海棠
丝兰
樱花树
山荆子
小叶朴
七叶树
华山松
爬山虎
早园竹
紫叶李
核桃树
白皮松
金银木
山里红
80m²
200m²
90m²

图 6-4　某景区植物配图

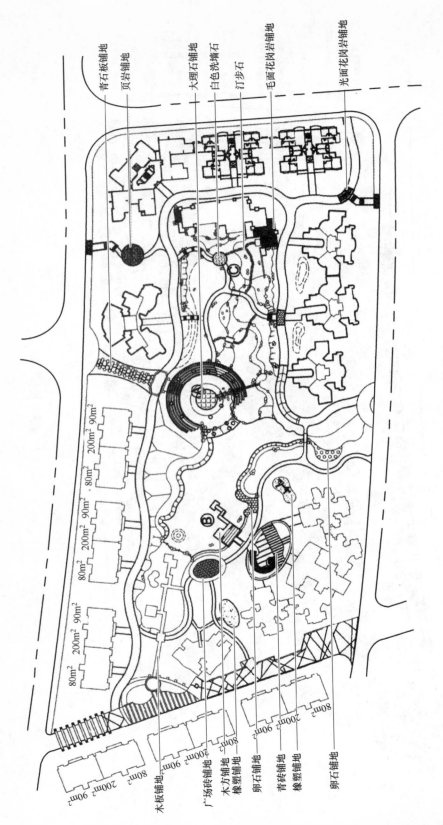

青石板铺地
页岩铺地
大理石铺地
白色洗墙石
汀步石
毛面花岗岩铺地
光面花岗岩铺地

80m² 200m² 90m²
80m² 200m² 90m²
80m² 200m² 90m²
80m² 200m² 90m²
80m² 200m² 90m²

80m² 200m² 90m²
80m²
200m² 90m²

木板铺地
广场砖铺地
木方铺地
橡塑铺地
卵石铺地
青砖铺地
橡塑铺地
卵石铺地

图 6-5　某景区道路铺装图

参 考 文 献

［1］陈祺，陈佳．园林工程建设现场施工技术［M］．北京：化学工业出版社，2011.

［2］郭丽峰．园林工程施工便携手册［M］、北京：中国电力出版社，2006.

［3］郝瑞霞．园林工程规划与设计便携手册［M］．北京：中国电力出版社，2008.

［4］郭爱云．园林工程施工技术［M］．武汉：华中科技大学出版社，2012.

［5］孟兆祯，毛培琳，黄庆喜，等．园林工程［M］．北京：中国林业出版社，2006.

［6］蒋林君．园林绿化工程施工员培训教材［M］．北京：中国建材工业出版社，2011.

［7］魏岩．园林植物栽培与养护［M］．北京：中国科学技术出版社，2003.

［8］刘磊．园林设计初步［M］．重庆：重庆大学出版社，2014.

［9］吉河功．苏州园林写真集［M］．苏州：古吴轩出版社，2002.

［10］周代红．园林景观施工图设计［M］．北京：中国林业出版社，2010.

［11］李正刚，王万喜．城市广场人性化设计探讨［J］．安徽农业科技，2007，35（6）：1652－1653.